软装陈设速查

INTERIOR DESIGN

室内设计美学丛书

理想·宅 编

海峡出版发行集团
THE STRAITS PUBLISHING & DISTRIBUTING GROUP
福建科学技术出版社
FUJIAN SCIENCE & TECHNOLOGY PUBLISHING HOUSE

图书在版编目 (CIP) 数据

软装陈设速查 / 理想·宅编 .—福州：福建科学
技术出版社，2017.10
　　（室内设计美学丛书）
　　ISBN 978-7-5335-5426-2

　　Ⅰ.①软… Ⅱ.①理… Ⅲ.①室内装饰设计 Ⅳ.
①TU238.2

中国版本图书馆 CIP 数据核字 (2017) 第 235064 号

书　　名	软装陈设速查	
	室内设计美学丛书	
编　　者	理想·宅	
出版发行	海峡出版发行集团	
	福建科学技术出版社	
社　　址	福州市东水路76号（邮编350001）	
网　　址	www.fjstp.com	
经　　销	福建新华发行（集团）有限责任公司	
印　　刷	福建彩色印刷有限公司	
开　　本	700毫米×1000毫米　1/16	
印　　张	9	
图　　文	144码	
版　　次	2017年10月第1版	
印　　次	2017年10月第1次印刷	
书　　号	ISBN 978-7-5335-5426-2	
定　　价	49.80元	

书中如有印装质量问题，可直接向本社调换

前 言 Preface

　　软装是家居空间中最容易移动和改变的设计元素，能够满足人们对个性化、风格化和舒适化家居的需求。软装从附属学科逐渐发展到现在的独立学科，足以体现出家居装修从"重装修"到"轻装修"的转变，展现人们精神生活水平的进步。只有相似的家居风格，却没有完全一样的软装设计，它可以根据居住者的喜好、年龄、个性等各方面的因素进行量身定制，其设计的优劣能够完全体现出业主的品位。

　　想要做好家居的软装设计，是一件既简单又复杂的事情。软装的种类非常繁多，如果漫无目地地选择，很容易显得混乱。因此，我们对家居软装设计进行总结，从实用性出发，编写了《软装陈设速查》。

　　本书由"理想·宅 Ideal Home"倾力打造，总结了多个经验丰富的从业设计师在家居软装设计方面的经验，从家居软装设计的基础知识入手，后续章节以具有针对性的不同空间、不同风格以及不同人群为编写依据，结合简洁明快的速查版式和例图，搭配设计技巧，系统地讲解家居软装设计。它不仅适用于计划进行家装的业主，也适用于刚入行的专业设计人员。

　　对于零基础的新人来说，可以先从第一章开始阅读，了解家居软装设计的各种基础知识，为后续阅读做准备。后面几章属于针对性较强的软装设计知识，属于并列关系，只是出发角度不同，如从风格入手选择软装或以居住者入手选择软装，即使不完全地阅读，只选择感兴趣的章节阅读也会有收获。

Contents
目录

第四章
软装设计与家居风格

第五章
不同人群与软装设计

第一章
软装设计基础知识

软装是最容易改变的家居设计元素

它能够实现家居设计的个性化

即使是白顶、白墙的环境

摆放合适的软装

也能够让家变得舒适、美观

而掌握了软装的基础知识

才是进行家居软装设计的基石

□ 软装的定义　　　　　□ 软装的材质

□ 软装的作用　　　　　□ 软装的图案

□ 软装设计技巧

软装的定义 可移动的家居装饰元素

　　"软装"这个概念是相对于在建筑的固定界面上所做的"硬装"而提出来的。硬装是指家居中的固定装饰，例如电视墙、墙砖等，是不可移动的，而软装的最大特点就是可移动、易变换，更确切地说"软装"就是指家居内的陈设。

软装类型解析

①**布艺织物**：窗帘、地毯、靠枕、床上用品、桌旗等。

②**灯饰**：吊灯、吸顶灯、壁灯、台灯、落地灯、筒灯、射灯等家用灯饰。

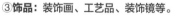

③**饰品**：装饰画、工艺品、装饰镜等。　　④**植物、花卉**：绿色植物、花艺、花瓶等。

▲ 顶面吊顶、墙面造型以及地面装饰都是家居"硬装"。

什么是硬装

　　除了必须满足的基础设施以外，为了满足房屋的结构、布局、功能、美观需要，添加在建筑物表面或者内部的一切装饰物，如瓷砖、地板、台面、电视背景墙等，这些装饰就是家居的"硬装"设计。简单来说，"硬装"是指室内一切不能移动的装饰工程，是与"软装"相对的概念。

▲ 除了固定界面的装饰外，所有可移动的元素均为"软装"。

什么是软装

　　由装饰公司进行的施工工序结束后，后期的家具、窗帘、饰品等陈设品的布置就是"软装"设计，也就是指室内一切可以移动的陈设。"软装设计"更专业地说是"家居陈设设计"，设计过程就是将家具、装饰、植物等元素通过有机的组合搭配，将所要表达的氛围呈现在整个家居空间内，满足业主对物质和精神的追求。

▲ 家居中的"软装"设计，均为两种类型混合使用。

软装的类型

　　家居软装的种类非常多，从功能上可以分为两类：功能性软装和装饰性软装。

　　功能性软装指的是家庭生活中必不可少的软装，作用是满足日常生活需求，如灯饰、布艺等。装饰性软装是指增添生活气息、烘托家居气氛、彰显主人品位的装饰，如装饰画、工艺摆件、花艺等。

软装的作用 | 集实用性和装饰性为一体

软装是家居中集实用性和装饰性为一体的设计元素，增加它在家居装修整体设计中的比例，不仅可以为视觉上带来美的享受，还可以让生活更温馨、舒适。当感觉家中的装饰比较陈旧时，或在不同的季节、不同的节日中，都可以通过更换软装让家焕然一新。

强化家居风格

家居风格按照不同的地域以及流派可以分为简约风格、现代风格、中式风格、欧式风格、地中海风格等。不同的家居风格除了硬装造型有区别外，其软装的造型、色彩、图案、质感等都具有独有的特征，合理地选择软装对强化家居风格起着决定性的作用。

▲即使在都是白墙且没有造型的"硬装"下，使用不同风格的软装也能塑造出不同风格的家居环境。

柔化空间棱角，弥补建筑缺陷

现代楼房的户型多少会存在一些不足之处，最常见的就是长宽比例的不协调。如果只有硬装，建筑的缺陷就会特别显著。而这些缺陷却可以通过软装的造型、花纹、颜色以及摆放方式来弱化、弥补，让家居空间的整体比例更舒适。

同时，软装的材质非常丰富，除了少数的玻璃、金属外，多数都具有温暖感，它们可以柔化建筑冷硬的边角，为家居生活增添温馨感，让人感觉更舒适。

▲小户型中，使用小型家具搭配白色为主的软装，能够让空间看起来更宽敞、明亮。

展现居住者个性，体现品位

　　家居软装避免了家庭装修千篇一律的情况，即使是两个家居采用了完全相同的硬装，使用的软装不同，最终效果也会各具特点。软装可以根据居室的面积、形状，以及居住者的生活习惯、兴趣爱好和经济情况来综合设计，充分地体现个性及品位。

▲从布艺的色彩搭配和花纹可以看出，居住者的个性非常活泼。

随时追随潮流，保持新鲜感

　　如果家装太陈旧需要改变时，不必耗费大量的财力重新装修，只需更换主要软装就能让家改变面貌。

　　除此之外，有些人喜欢追随潮流，家居流行趋势并不是一成不变的，隔三差五地大动干戈自然不美，若墙面简单地做装饰，把主要的设计放在软装上，就可以根据时尚趋势或者季节变化更换随心的物品，保持新鲜感。

▲墙面少做或者不做造型，风格可以由软装来塑造，随时变换。

丰富居室色彩

　　家居装修除了美化环境提高生活质量外，更重要的是舒适感的营造，所以硬装上基本不会出现过于"花哨"的情况，有时候就会显得有些单调、苍白。而软装的加入，就可以改变这种单调的情况，特别是那些小体积的作为点缀使用的软装，通常色彩都比较突出，能够让居室氛围变得活跃、生动。

▲对比色的软装改变了居室单调的原装，丰富了整体的层次。

软装设计技巧 | 主从关系、统一与变化

软装是家居装饰中不可缺少的点睛之笔，能够提升生活品质，展现居住者的品位。但软装的品种繁多，每一种中又有众多的款式，如果随意地搭配而不讲究原则，不仅不美观，还会让人感觉很混乱，了解软装的设计技巧更有助于达到美化居室的目的。

首先确定家居风格

在进行软装设计前，建议先进行规划，就像写文章要有提纲一样，不要盲目地随意堆积，而这个"提纲"最合适的选择就是家居风格。先确定家居的整体风格，每一种风格的软装都有其独特的特点，根据这些特点选择软装的款式、色彩更容易获得统一感。如果喜欢混搭，可以选择两种风格软装的共同点来进行组合，例如共有的材质或色彩，否则很容易不伦不类。

▲茶几上的软装饰，左侧留出的空白和右侧留出的空白趋于黄金分割比例，而非摆放在正中间，使人感觉非常舒服。

控制好比例

家居中的软装数量非常多，摆放时的比例是美观与否的关键。在美学中，最经典的比例分配莫过于"黄金分割"，在设计家居软装时也可以参考这种比例进行布置，不需涉及具体尺寸，可以完全凭感觉上的印象来把握。如果没有特别的偏好，可以使用1：0.618这种完美比例，是一个比较讨巧的办法，比如摆放软装时不要放在最中央，左侧比例为1，右侧比例为0.7左右，就会感觉非常美观。需要注意的是，即使整个居室的软装布置采用的是同一种比例，也要有所变化才好，不然就会显得过于刻板。

▲软装风格以现代美式风格为主，混搭少量现代风格元素，主次分明，实现完美融合。

整体稳定，局部活泼

在进行软装设计时，不宜完全脱离硬装将软装独立，建议结合硬装的色彩搭配软装。

通常固定界面的色彩都是非常具有稳定感的，大面积的软装，例如窗帘、地毯也可相对稳定一些，而小的软装可选择明快的色彩和纤巧的造型，追求轻盈纤细的秀美效果，来活跃层次。

▲花瓶属于小体积软装，采用与墙面色差大的款式，为居室增添了一些活泼感。

注意主从关系

主从关系是软装布置中需要考虑的基本因素之一。在软装设计中，"主"就是视觉中心。人的视线范围内有一个中心点，才能塑造出主次分明的层次美，它就是设计的重点。强调主角，可避免单调感，使整个空间变得有朝气且具有稳定感。但主角最好只有一个，如果数量过多，就会变成没有重点，整体美感就会荡然无存。配角的存在是为了突出主角，不宜喧宾夺主。

呼应与过渡

软装与硬装是家装中的两个部分，取得呼应的效果并不难，难的是要让它们显得更整体，所以"呼应"还需要"过渡"来配合。让软装与固定界面之间的形体与色彩层次过渡自然、巧妙呼应，往往能取得意想不到的效果。需要注意的是，过渡与呼应可以丰富居室的美感，但不宜太多，否则会造成杂乱无章的感觉。

▲利用花瓶与装饰画使墙面与软装实现呼应，装饰画上的色彩又与主沙发的靠枕相同，实现了视线中心点的过渡，使客厅空间显得更整体。

统一中求变化

软装设计应遵循"统一中求变化"的原则，根据大小、色彩、位置的安排，使其与居室环境构成一个整体，营造出自然、和谐的效果。所有软装的选择宜有统一的风格或整体感，如不喜欢定制，可尽量挑选颜色、式样格调较为一致的。同时，根据不同功能的空间，或者使用部位的 不同，可采用不同的色彩或图案，具有针对性地做一些变化，让设计更人性化。

▲软装都采用了黑白的色彩组合，但不同部位使用的图案略有变化，体现出"统一中求变化"的设计方式。

软装的材质 不同材质决定冷暖感觉

软装除了造型外，材质也是一个重要因素，所选软装使用的材料不仅关系到美观与否，也关系到人们感官上的舒适度。软装的材质整体上可以划分为三类，即：冷材质、暖材质和中性材质。了解它们的不同，可以在不同季节中对软装布置作出适当的调整。

软装材质解析

①**冷材质**：玻璃、金属、镜面、塑料、陶瓷等。

②**暖材质**：布料、皮毛、毛线编织等。

③**中性材质**：木料、藤、竹、椰壳等。

软装材质类别速查

冷材质

冷材质是指使人具有冷感的材料，包括玻璃、金属、镜面、塑料以及陶瓷灯，这些材料大多都带有反光。即使是暖色，用冷材质表现也具有冷感。

设计要点

夏天炎热的时期，可以在家居中多摆放一些冷材质的软装，以营造清凉的感觉。

暖材质

暖材质与冷材质相反，是让人具有温暖感的材料，包括布料、皮毛、毛织品等。暖色用暖材质表现出来会更温暖，即使是冷色，用暖材质展现出来，冷感也会减弱。

设计要点

当居室内的色彩以无色系为主时，可以多使用一些暖材质的软装，使人感觉更温馨一些。

中性材质

位于冷材质和暖材质之间的，感觉既不冷也不温暖的材料就是中性材质，多为天然材料，例如木料、竹、藤、椰壳等。此类材料的软装虽然没有冷暖偏向，但具有亲切感。

设计要点

冷、暖材质之间，可以使用一些中性材质做过渡，使整体组合更协调。

软装的图案 图案大小影响视觉面积

软装的材质是多元化的，除了纯色的类型外，很多都带有图案，这些图案有的大一些，有的小一些。将不同的图案放在一起对比我们可以发现，有些图案能够让物体看起来更小，有的则相反。利用这些软装上不同图案的特点，就可以对空间进行微调。

软装图案解析

①**小图案：**缩小物体面积。

②**大图案：**扩大物体面积。

③**条纹图案：**拉伸宽度或长度。

软装图案类别速查

小图案

　　小圆点、碎花或不规则的几何等小图案类型，用在软装材料上时，可以让物体比原有的体积看起来要小一些，具有收缩作用，尤其是冷色。

设计要点

当居室面积较小时，可以多使用一些此类图案的软装，能够让空间显得更宽敞。

大图案

　　一些大的图案与小图案的功效相反，使用此类材料能够让软装的体积比原有的体积看起来更大一些，其中，圆形图案的扩大效果最显著，如果同时使用的是暖色，则更明显。

设计要点

此类图案的软装很适合用在空旷的房间中，能够让空间显得更丰满一些。

条纹图案

　　条纹图案包括横向条纹、竖向条纹以及折线形的条纹。此类图案根据条纹的使用方向，能够拉伸软装的长度或宽度，折线条纹还具有动感。越细小的条纹，拉伸感越强。

设计要点

可以用此类图案的软装来调整居室的长宽比例，例如宽度窄的客厅宜摆放横向条纹地毯。

第二章
家居软装分类

家居软装的种类非常多

例如布艺具体划分就有很多种

每一个软装类型

都包括哪些小的种类

是做家居软装设计之前

需要了解和掌握的知识

□ 家居灯饰　　　　　□ 绿色植物

□ 布艺、织物　　　　□ 装饰花艺

□ 装饰画　　　　　　□ 装饰镜

□ 工艺品

家居灯饰 制造多层次的光影效果

　　灯饰最早的时候只是一种照明器具，而随着时代的发展，现在已经变成了"灯饰"，顾名思义，除了具有"灯"的照明作用外，还具有装饰作用。

　　灯饰不仅要选择光源的类型，同时其造型、色质、结构等元素，也是构成家居空间装饰效果的重要元素。造型各异的灯饰，可以令家居环境呈现出不同的容貌，创造出独特的个性；而灯饰散射出的灯光既可以创造气氛，又可以加强空间感和立体感，可谓是居室内最具有魅力的情调大师。

软装类型解析

① **功能分类：** 吊灯、吸顶灯、落地灯、台灯、壁灯、筒灯、射灯等。

 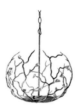  

② **材质分类：** 水晶、金属、树脂、羊皮、纸、布艺、亚克力、羽毛等。

家居灯饰功能类别速查

吊灯

　　吊灯适合作为主灯，提供整体照明，长链的、华丽的款式适合用在客厅及餐厅中；如果卧室及书房高度足够，可以用一些简单的款式。常用的有烛台、锥形罩、尖扁罩、束腰罩、五叉圆球、玉兰罩等造型。

设计要点

选择吊灯除了造型、色彩外，还应注意高度，最低点不能低于家中最高人的身高。

吸顶灯

　　吸顶灯安装简易，款式简洁，具有清朗明快的感觉，适合层高低矮的户型做主灯，客厅、餐厅、卧室、阳台、厨房等房间均适用。常用的有方罩、圆球、尖扁圆球等造型。

设计要点

吸顶灯虽然体型不如吊灯，但款式也非常多，精心搭配也能取得很好的装饰效果。

落地灯

　　落地灯常用作局部照明，强调移动的便利性，善于营造气氛。采光方式向下投射的适合阅读等精神集中的活动，提供全方位的照明效果。

设计要点

如果空间较大，可以选择多头的落地灯，提供全方位的照明效果。

台灯

　　台灯有两个种类，一是装饰类型，与落地灯一样，便于移动，除了照明、烘托氛围外本身具有装饰性；一种是功能性台灯，光线集中、柔和，主要用于工作和学习。

设计要点

选择台灯宜结合实用需求，如果用装饰性台灯来学习或阅读，不利于眼部健康。

壁灯

　　壁灯是安装在墙上的灯饰，最常用于客厅、卧室、过道或卫浴间等空间中。壁灯的种类和样式较多，常见的有变色壁灯、床头壁灯、镜前壁灯等。

设计要点

壁灯在安装时应注意其高度，除特殊功能需求外，装饰性的壁灯，灯泡应离地面不小于 1.8 米。

筒灯 / 射灯

　　这两种灯饰都属于点光源，光线直接照射在需要强调的家什器物上，以突出主观审美作用，达到重点突出、层次丰富、气氛浓郁、缤纷多彩的艺术效果，但需控制数量，过多容易造成光污染。

设计要点

如果不喜欢一盏式的主灯，可以将筒灯设计成"满天星"，用多个点光源照明。

家居灯饰材质类别速查

水晶灯饰

水晶灯饰样式时尚美观，实用性强，健康环保而且寿命持久。水晶外观晶莹，能够增强光亮度，极富装饰性，体现优雅和档次感。用水晶吊灯装饰客厅，既大气又精美绝伦。

设计要点

水晶灯饰无论造型复杂还是简单，都具有华丽的装饰效果，但打理较难。

不锈钢灯饰

以不锈钢为主材的灯饰，颜色以银色居多，也有的涂刷成金色。多见线形或管状造型，造型曲线流畅、明快，具有强烈的现代气质，非常适合搭配简约、现代或后现代风格的家居空间。

设计要点

不锈钢灯饰材质分亮面和拉丝两种类型，可结合居室的风格及家居款式选择具体材质。

铁艺灯饰

铁艺灯饰款式以壁灯、吊灯和台灯为主，此类灯饰造型古朴大方、凝重严肃。它源自欧洲古典风格艺术，所以多具有欧式特征，灯罩多以暖色为主，彰显典雅与浪漫。

设计要点

铁艺灯饰造型由适合它的家居风格决定，不仅仅有烛台式，还有很多现代款式。

树脂灯饰

　　树脂灯饰一般都是装饰性灯具，它是以树脂为原材料，塑造成各种不同的形态造型，再装上灯泡组成的。树脂灯饰颜色丰富，造型多样、生动、有趣，环保自然。

设计要点

树脂灯饰打理比较容易，且重量较轻，如果不喜欢金属材料，可用仿金属的树脂代替。

羊皮灯饰

　　羊皮灯饰的灯罩部分为羊皮，其制作灵感来自古代灯饰，能给人温馨、宁静感。它的灯架主要材料为木质，组合起来具有古朴、传统的感觉。造型以圆形与方形为主。

设计要点

羊皮灯饰最适合用在中式风格的居室中，如果做混搭，东南亚风格中也可使用。

纸质灯饰

　　纸质灯饰的优点是质量较轻、光线柔和、安装方便而且容易更换、具有较浓的文化气息，缺点是怕水、耐热性能差，一些质量不佳的纸质灯还容易出现易变色、易吸附尘土的缺点。

设计要点

纸质灯饰的造型较多，不仅适合用在中式风格中，简约风格和现代风格也有很多选择。

布艺灯饰

布艺灯饰的灯罩部分多配以精美的绢花或蕾丝花边。这类灯的底座以水晶和树脂材料为主，最常见的为台灯和落地灯。按灯罩材料不同可分为纯布艺灯饰以及布艺与羊皮灯饰组合两种。

设计要点

根据风格选择恰当的布艺花纹即可，例如蕾丝适合欧式，碎花的适合田园风。

藤、木灯饰

以编织的藤或木片为灯罩材质的灯饰类型，造型通常比较简单，且多为吊灯。颜色选择较少，主要是材料的本色，具有亲切感和温暖感。

亚克力灯饰

灯罩或底座部分为亚克力，它是一种有机玻璃，具有较好的透明性、化学稳定性和耐候性，加工性能优异，所以外观优美，造型和花样多，不易碎。

设计要点

此类灯饰非常适合北欧风格或简约风格的居室，能够为白色墙面的家居环境增添一些温馨感。

设计要点

如果家中有儿童或老人，用亚克力材质的灯饰取代水晶或玻璃更安全。

软装设计技巧

根据家居风格选择灯饰类型

　　选择灯饰建议与家居风格相协调，包括墙面的造型、材质，家具的造型、色彩等，可以将相似风格的灯饰进行混搭，但不能乱搭，否则会弄巧成拙。例如简约风格的家居内，使用造型繁复华丽的灯饰就不协调。

▲客厅内墙面以及家具均以现代美式风格为主，吊灯选择了铁艺材质，造型上将欧式造型和现代造型结合，符合现代美式的精髓，效果非常协调、舒适。

▲公共区的面积较小，餐厅使用吊灯，客厅则舍弃了主光源，以筒灯为照明，并搭配落地灯补光，满足使用需求，又避免了能源的浪费。

根据居室面积选择灯饰的大小

　　家居装饰灯饰的应用需根据室内面积来选择，如 12 平方米以下的居室宜采用直径为 20 厘米以下的吸顶灯或壁灯，灯饰数量、大小应搭配适宜，以免显得过于拥挤；15 平方米左右的居室应采用直径为 30 厘米左右的吸顶灯或多叉花饰吊灯，灯的直径最大不得超过 40 厘米。

正确地选择光源

　　正确地选择光源并恰当地使用它们才能够改变室内氛围，宜结合家具、物品陈设来考虑。如果一个房间没有必要突出家具、物品陈设，就可以采用漫射光照明，如吊灯及吸顶灯，让柔和的光线遍洒每一个角落；而摆放艺术藏品的区域，为了强调重点，可以使用定点的灯光投射，如筒灯和射灯，来突出主题。

▲客厅中墙面部分没有需要突出的装饰品，且空间面积较小，选择漫反射的吊灯为主，搭配一个落地灯，即可满足需求。

调节氛围宜选对色温

　　不同材质的光源具有不同的色彩温度，低色温给人温暖、含蓄、柔和的感觉，高色温给人清凉奔放的气息。不同色温的灯光，能够调节居室的氛围，营造不同的感受。餐厅中采用显色性好的暖色吊灯，能够更真实地反映出食物的色泽，引起食欲；卧室中的灯光宜采用中性的、令人放松的色温，加上暖调辅助，能够营造出柔和、温暖的氛围；厨卫应以功能性为主，灯饰的显色性要好一些。

▲低色温的灯饰灯光偏黄，非常适合用在卧室中，能够给人温暖感和安全感。

保养须知 • **家居灯饰的保养方法** •

　　①灯饰需要定期清洁和保养才能保持亮度，延长寿命。灯罩因蒙尘而日渐昏暗，若没有及时处理，平均一年降低约 30% 的亮度。因此，定期清洁灯罩、灯管或灯泡就尤为重要。

　　②房间的灯管要经常用干布擦拭，并注意防止潮气入侵，以免时间长了出现锈蚀损坏或漏电短路的现象；灯饰如果为非金属，可用湿布擦，以免灰尘积聚，影响照明效果。

　　③潮湿易导致灯饰生锈、掉漆，还会缩短灯饰的使用期限。因此，防潮是灯饰保养的关键所在。灯饰最好不要用水清洗，只要以干抹布蘸水擦拭即可，若不小心碰到水要尽快擦干，切忌在开灯之后用湿抹布擦拭。

布艺、织物

具有温暖感的软装饰

　　布艺是家中流动的风景，它能够柔化室内空间生硬的线条，赋予居室新的感觉和色彩。同时还能够降低室内的噪音，减少回声，使人感到安静、温暖、舒心。家居布艺的种类很多，可以按照功能分类也可以按照所用的材质进行分类。

软装类型解析

① **大型布艺**：窗帘、地毯、挂毯、床上用品。

② **小型布艺**：靠枕、桌旗、椅垫、餐巾纸套、桌垫等。

不同家居空间常用布艺、织物	
空间	常用布艺、织物
客厅	沙发套、沙发扶手巾、沙发靠背巾、抱枕、茶几垫、桌旗、座椅垫、座椅套、电视套、地毯、布艺窗帘、挂毯等
餐厅	桌布、桌旗、餐垫、餐巾、杯垫、餐椅套、餐椅坐垫、桌椅脚套、餐巾纸盒套等
卧室	床上用品、帷幔、帐幔、地毯、布艺窗帘、挂毯等
厨卫	隔热垫、隔热手柄套、微波炉套、饭煲套、冰箱套、厨用窗帘；马桶坐垫、马桶盖套、地垫、卫生卷纸套等

家居布艺功能类别速查

窗帘

一副窗帘，具有多种功能，保护隐私、调节光线、保温等；厚重、绒类布料的窗帘还可以吸收噪声，在一定程度上起到遮尘防噪的效果。除了实用性外，它更是不可或缺的装饰。

设计要点

窗帘的面积较大，花纹及色彩的选择一定要慎重，以与家居其他部分的布置协调为佳。

床上用品

床上用品是卧室中非常重要的软装元素，是卧室的中心部分，它能够体现居住者的身份、爱好和品位。床上用品除满足美观的要求外，更注重其舒适度。

设计要点

根据季节更换不同颜色和花纹的床上用品，可以很快地改变居室的整体氛围。

地毯

地毯在中国历史悠久，最初地毯用来铺地御寒，现在却是高级的装饰品，它能够隔热、防潮，具有较高的舒适感，同时兼具美观的观赏效果。

设计要点

如果觉得客厅软装层次不够丰富，觉得缺少什么，就可以在地面加铺一块地毯。

壁挂

壁挂不仅具有极佳的装饰性和艺术性，还具有很高的收藏价值。壁挂材料都属于暖性材料，能够消除现代生活中因为大量使用硬质材料制品所造成的单调感和冷清感。

家具套

家具套多用在布艺家具上，特别是布艺沙发，主要作用是保护家具并增加装饰性。材料多为棉、麻，色彩款式多样，适合各种风格的家具。

设计要点

壁挂的风格宜与家居风格相呼应，选择具有风格特点的图案，不建议混搭。

设计要点

每一种家居风格都有其代表性的布艺图案或色彩，选择适合的沙发套款式即可。

枕类

靠枕、枕头是卧室中必不可少的软装饰，此类软装饰使用方便、灵活，可随时更换不同的枕套。特别是靠枕，用途广泛，不仅可以用在床上，还可用在沙发、地毯、窗台等位置，或者直接用来作为座垫使用。

设计要点

想要保持新鲜感，有时只要更换或增加两个靠枕就可以实现。

桌布、桌旗

桌布和桌旗主要的作用是保护及美化桌面，非常适合与木质桌椅搭配，较多用在客厅茶几及餐厅餐桌上。

设计要点

选择与家居风格相协调的款式很重要，如果与窗帘有呼应更有整体效果。

芯类

芯类床品包括枕芯和被芯，芯类材质比较多，与需要兼具美观和舒适感的罩类不同，芯类需要完全从舒适度和实用性上进行选择，它们是提高睡眠质量的关键。

床垫

床上方的保护垫能够增加睡眠的舒适度。按照材料可以分为竹炭、珊瑚绒、羊毛、乳胶和棕垫，各有优点，可以根据使用者的身体状况选择。

设计要点

选择被芯或枕芯，需结合使用者的年龄及身体情况选择适合的材质。

设计要点

人三分之一的时间是在床上度过的，由于每个人喜好不同，选床垫最好亲自试验一下。

布艺窗帘结构类别速查

平开帘

平开帘即沿着轨道或杆子做平行移动的窗帘。包括欧式豪华型、罗马杆式、简约型和实惠型四种类型，适合不同的家居风格，前两种比较华丽，后两种比较简约一些。

设计要点

平开窗帘适合用在客厅、卧室和书房中，可做多层组合。

卷帘

卷帘指随着卷管的卷动而做上下移动的窗帘。材质一般为压成各种纹路、印成各种图案的无纺布，并且亮而不透，表面挺括，样式简洁，使用方便，非常便于清洗。

设计要点

卷帘比较适合安装在书房、有电脑的房间和窗的面积较小的房间。

罗马帘

罗马帘是指在绳索的牵引下做上下移动的窗帘，装饰效果华丽、漂亮。它的款式有普通拉绳式、横杆式、扇形、波浪形几种形式。

设计要点

罗马帘比较适合安装在豪华风格的居室中，特别适合有大面积玻璃的观景窗。

▲窗帘无论是风格还是色彩均与卧室整体组合协调，给人非常舒适、统一的感觉。

窗帘款式的选择

选择窗帘款式，首先应该考虑居室的整体效果，如所选的窗帘造型或结构与整体风格是否一致；其次考虑花色图案的协调感，最后根据环境和季节确定款式。除此之外，还应考虑其尺寸和样式，面积不大的房间宜简洁、大气，大面积的房间可采用精致、气派或具有华丽感的样式。

▲黄绿色的窗帘犹如一面移动的背景墙，与蓝色墙面搭配舒适、协调，没有花纹的款式也很适合小户型。

根据房间面积选花色

房间大可选择较大花型，会使空间感觉有所缩小。房间小选择较小花型，会使空间感觉有所扩大。新婚房间的窗帘色彩宜鲜艳、浓烈，以增加热闹、欢乐气氛；老年人居室窗帘宜用素静、平和色调，以呈现安静、和睦的氛围。窗帘色彩的选择可根据季节变换，夏天色宜淡，冬天色宜深，以便改变人们心理上的"热"与"冷"的感觉。

保养须知 · **家居窗帘的保养方法** ·

①每周吸尘一次，尤其注意去除面料上的积尘。

②如果沾有污渍，可用干净的毛巾沾水擦拭。从污渍的外圈向内擦拭，避免留下痕迹。

③清洗窗帘之前请仔细阅读洗涤标识说明。窗帘不需要经常洗涤，但时间一长，灰尘容易让色彩变得灰暗，建议半年到一年左右清洗一次。禁止漂白或使用含漂白成分的洗涤剂清洗。特殊材质的窗帘，建议到专业的干洗店清洗，避免窗帘变形。

④晾晒时宜反面向外，避免日光直射暴晒。

家居地毯材料类别速查

羊毛地毯

羊毛地毯采用羊毛为主要原料。毛质细密，具有天然的弹性，受压后能很快恢复原状；采用天然纤维，不带静电，不易吸粉尘，还具有天然的阻燃性。图案精美，不易老化褪色，吸音、保暖、脚感舒适。

设计要点

羊毛地毯具有高级感，但打理较难，适合奢华一些的家居风格，如欧式、法式。

混纺地毯

混纺地毯中掺有合成纤维，价格较低。与羊毛地毯差别不大，但克服了羊毛地毯不耐虫蛀的缺点，同时具有更高的耐磨性，有吸音、保湿、弹性好、脚感好等特点。

设计要点

混纺地毯花色众多，打理较简单，根据风格搭配适合的款式即可。

编织地毯

编织地毯主要由棉布、草、麻、玉米皮等材料编织而成。此类地毯或简约或淳朴，适合简单一些的家居风格。植物编织的地毯，经常下雨的潮湿地区不宜使用。

设计要点

植物编织的款式很适合在夏季使用，触感凉爽，且能够调节室内的湿度。

软装设计技巧

▲北欧风格的居室，选择灰色为主的格纹地毯，与墙面和家具搭配都非常协调。

▲地毯的花色虽然很突出，但与窗台部分的布艺色彩上有呼应，整体中制造变化，并不让人感觉混乱。

家居地毯的选择方式

◎选择家居地毯，主要是对它的色彩、图案、质地的挑选。

◎地毯的色彩和图案，宜结合家具的色彩以及整体家居风格来选择，使整体效果和谐、舒适。

◎质地可以从实用性以及使用功能上出发，例如卧室等人少的空间，追求舒适感和温暖感可以使用羊毛材质，夏季可以使用草编地毯，人流多的客厅和餐厅使用混纺地毯。

花纹突出的地毯色彩宜与周围软装呼应

地毯的形状对居室整体的影响是细微的，反而是花色有很突出的影响。尤其是有些人喜欢色彩或花纹很突出的地毯，例如多彩色条纹、抽象大花等，这种类型的地毯在选择款式时，建议与周围的家具或其他软装的色彩有部分呼应，否则很容易显得凌乱，或者抢夺人们对主体部分的注意力，使主次关系变得混乱。

> **保养须知** · 家居地毯的保养方法 ·
>
> ①勤吸尘。尘埃藏积在地毯内，会对纤维造成磨损，并且使地毯的颜色变得灰暗，走动频繁的地方，每周应吸尘两至三次，卧室也应至少每周吸尘一次。
>
> ②及时去污。一旦产生污迹，应及时进行处理为好，否则污迹很容易渗透至地毯的纤维组织，会难以去掉。
>
> ③定时清洗。除了定时吸尘外，也可以在铺设了一段时间后对地毯进行干洗，一般每隔两年清洗一次，以确保地毯的历久常新。

床上用品材质类别速查

平纹纯棉

平纹纯棉交织点多，平整光滑，质地坚牢，撕裂强度好，正反面外观效果相同，密度不高，较为轻薄。透气性好，但手感较硬，舒适度较差，有高支纱与低支纱之分，支纱越高手感越好。

设计要点

纯棉类床品的质感与棉纱支数有关，支数越高越光滑，例如"匹马棉"甚至可与丝绸媲美。

斜纹纯棉

斜纹纯棉有正反面之分，交织点少，浮线较长，手感松软，舒适度、柔软性好。在支纱密度相同的情况下，其手感及舒适度均较平纹好，但撕裂强度不及平纹。

设计要点

斜纹纯棉产品较厚实，组织立体感强。面料高档，有磨毛、贡缎、提花、印花等。

麻类

麻类具有独特的卫生、护肤、抗菌、保健功能，并能够改善睡眠质量。麻类纤维强度高，有良好的着色性能，具有生动的凹凸纹理。

设计要点

麻类床上用品通常色彩都比较素雅、凉爽、吸汗，在夏季能给人清爽、不黏腻的感受。

真丝

真丝吸湿性好、透气性好、静电性小。还有利于防止湿疹、皮肤瘙痒等皮肤病的产生。蚕丝中含有 20 多种人体需要的氨基酸，可以通过皮肤进入人体，使人的皮肤变得光滑润泽。

设计要点

真丝华丽、舒适度高，但需要干洗。适合有美容需要的女性或年龄小的孩子。

涤棉

涤棉是用部分天然纤维和化学纤维混纺而成的，既有天然纤维的舒适性又有化学纤维的耐用性。色牢度好，色彩鲜艳，保形效果好，比较耐用，但易起球，易起静电，亲和力较差。

设计要点

涤棉舒适度不如纯棉高，但不易缩水、掉色，适合喜欢棉的感觉又觉得棉不好养护的人使用。

天丝

天丝是一种全新的黏胶纤维，湿强度、湿模量比棉高。具有良好的吸湿性，又有合成纤维的高强度。尺寸稳定性较好，水洗缩率较小，织物柔软，有丝绸般光泽。

设计要点

可以用天丝产品来取代丝绸产品，同样具有光泽感，但更容易养护，机洗即可。

竹纤维

竹纤维是当今纺织品中科技成分最高的面料，以天然毛竹为原料，经过蒸煮水解提炼而成。亲肤感觉好，柔软光滑、舒适透气，可产生负离子及远红外线，能促进血液循环和新陈代谢。

设计要点

竹纤维抗菌效果突出，很适合皮肤耐受性低、有皮肤疾病的患者或孩子使用。

珊瑚绒

珊瑚绒是一种新型面料，呈珊瑚状。色彩斑斓、覆盖性。质地细腻，手感柔软，不易掉毛，不起球，不掉色，对皮肤无任何刺激，不过敏。外形美观，颜色丰富。

设计要点

珊瑚绒非常适合在冬季使用，保温保暖，打理容易，不建议在夏季使用，过热。

天鹅绒

天鹅绒属于混纺材料，其绒毛丰满，质地细腻，手感柔软，非常舒适，有弹性，不掉毛，不起球，吸水性能是全棉产品的三倍，而且对皮肤无任何刺激，纯色款式较多。

设计要点

天鹅绒与珊瑚绒一样，同样适合在比较寒冷的季节使用，不适合在夏季使用。

软装设计技巧

▲在阳光比较强烈的季节中，使用带有蓝色花纹的床品，能给人带来清凉感，同时对比色的组合又兼具活泼感。

先选面料再挑花色

床上用品的使用不仅仅是为了美观，更重要的是实用性。所以，挑选床上用品，建议根据使用者的需求先挑选合适的面料，而后再根据居室的风格和色彩挑选合适的花色。建议夏季可以使用清凉一些的色彩，冬季更换为比较温暖的色彩，不仅能够保持新鲜感，还能从心理上调节温度。

▲床品使用了与周围色差较大的黄色，主体地位非常突出，也为卧室增添了活泼的氛围。

床上用品的主体地位宜突出一些

在卧室中，所有软装的中心部分就是床上用品，与窗帘、地毯等不同的是，床上用品的花色选择可以大胆一些，与周围的色差可以对比强烈一些，以突出其主体地位，让卧室的整体装饰更稳固。但需要注意的是，不建议脱离家居风格，在风格范围内选择适合的款式才容易取得协调的装饰效果。

保养须知 · **床上用品的保养方法** ·

①棉类、混纺。耐碱性强，不耐酸，抗高温性好，可用肥皂或其他洗涤剂洗涤。洗涤前放在水中浸泡几分钟，不宜过久，以免颜色受到破坏，洗涤温度不超过40℃，反面洗涤为宜。

②亚麻、竹纤维。在洗涤时不能用力搓拧，收藏时要注意保持环境卫生，防止霉变。浅色和深色产品要分开存放，避免互相染色。

③真丝。建议干洗，如果水洗应使用专用洗剂，轻柔水洗，摊平晾干。

装饰画　室内不可缺少的点睛之笔

　　装饰画属于一种装饰艺术，能够给人带来视觉美感，愉悦心灵。装饰画是墙面装饰的点睛之笔，即使是白色的墙面，搭配几幅装饰画也可以变得生动起来。装饰画没有好坏之分，只有合适与不合适的区别，所以它的搭配和选择可以说是一门学问。

软装类型解析

　　将装饰画归类后，更容易选择到合适的款式。其有很多分类方式，如按照制作材料分类、按照风格分类等。按照风格归纳选择，是最容易获得协调感的方式，装饰画可以分为：中式风格、欧式风格、现代风格、简约风格、田园风格以及美式风格等。

中式风格

欧式风格

现代风格

简约风格

田园风格

美式风格

装饰画材料类别速查

摄影画

摄影画是近现代出现的一种装饰画，画面包括"具象"和"抽象"两种类型。摄影画的主题多样，使用时可以根据画面的色彩和主题的内容，搭配不同风格的画框。

设计要点

摄影画的内容很重要，选对内容所有风格的家居中都可以使用。

油画

油画具有极强的表现力和丰富的色彩变化，透明、厚重的层次对比，以及变化无穷的笔触和坚实的耐久性。油画题材一般为风景、人物和静物，是装饰画中最具有贵族气息的一种。

设计要点

西式宫廷画、神话内容等与欧式风格搭配最协调，如果画面简单一些也可用于现代风格。

水墨画

水墨画笔触简单，讲求神似，意境深远，古雅而具有禅意。多以山水、花鸟、人物为主题，色彩选择较少。

设计要点

水墨画具有浓郁的中式韵味，与中式居室搭配最协调；有些改良的画作也适合简约风格。

水彩画

水彩画是用水调和透明颜料作画的一种绘画方法，简称水彩，与油画一样，都属于西式绘画方法。用水彩方式绘制的装饰画，具有通透、清新的感觉。

设计要点

内容简单的水彩画非常适合简约风格，如果画作内容较华丽，也可用于欧式风格等华丽一些的家居中。

镶嵌画

镶嵌画是指用各种材料通过拼贴、镶嵌、彩绘等工艺制作成的装饰画。用材包括贝壳、石子、铁、陶片、珐琅等。不同的装饰风格可以选择不同工艺的装饰画做搭配。

设计要点

镶嵌画可根据使用的材料来搭配适合的风格，例如贝壳画适合地中海风格，石子画适合田园风格。

印刷画

印刷画是将各种画作用印刷机印刷出的装饰画种类。它题材最广泛，包括一些传世名作，是现代家庭使用较多的一个种类。价格较低，比起手工作品来说艺术感稍差，但选择性最多。

设计要点

现代家居中使用较多的种类，根据画面内容搭配适合的风格即可。

丝绸画

丝绸画是以真丝为底材绘制而成的。包含纯手工绘制和印刷两大类，纯手工绘制的价格较高，具有艺术价值和收藏价值；印刷的价格较低，适合多数家庭，图案多为花鸟。

设计要点

丝绸画适合中式或田园风格家居。大幅的手绘作品，也可直接用来充当背景墙。

立体画

立体画的材料多样，无论是钉子、PU（聚氨酯）皮革、树叶，还是金属、植物，都可以作为原料，制作出具有立体感的作品。属于现代手法，是近年来较为流行的一种装饰画。

设计要点

立体画的立体感强，非常具有个性。根据画面内容的不同，适合不同的装饰风格。

剪纸画

剪纸画是将民间剪纸艺术作品通过装裱而制成的装饰画，具有很高的艺术性。素材不仅仅限于传统的红色剪纸，更有彩色的款式，十分美观。

设计要点

剪纸画与中式、新中式风格的居室搭配最协调，也可混搭于现代风格或简约风格的居室中。

软装设计技巧

布置装饰画墙应避免凌乱感

在装饰居室的时候，用装饰画来布置一面墙壁，既有艺术感又经济实用。单幅的大幅画作能够突出视觉效果，而用多幅装饰画组合起来也能够达到引人注目的装饰效果。在悬挂多幅装饰画时需要有一个基本的准则，形成无序中的有序，避免凌乱感。

家居装饰画墙的布置方式			
布置方式	**特点**	**建议**	**例图**
对称式	◎适合面积较小的墙面 ◎最为简单，不容易出错 ◎将两幅装饰画左右或上下对称悬挂	装饰画的内容选择同系列最佳	
重复式	◎适合面积大的墙面 ◎将3~5幅造型、尺寸相同的装饰画横向悬挂	边框应尽量简约，浅色或是无框最佳；不适合图案复杂或夸张的款式	
建筑结构式	◎适合楼梯间或建筑有特点的户型 ◎沿着门框、柜子或楼梯的走势悬挂装饰画 ◎可以使建筑空间中的硬线条显得柔和	此种方式可以根据墙面的大小选择适合的数量	
方框线式	◎适合面积大的墙面 ◎同时悬挂多幅可选此种方式 ◎在脑中勾勒出一个方框形，以为界，在方框中填入装饰画	悬挂时要确保画框都进入构想中的方框中，整体形成一个规则的方形	
水平线式	◎适合面积大的墙面 ◎具有灵活性，避免呆板感 ◎以画框的上缘或者下缘为一条水平线进行排列	相框可采用尺寸不同、造型各异的款式；非常适合有旅游或摄影爱好的业主	

▲高度以及长度比例都比较舒适的装饰画，活跃了客厅的气氛，强化了主体风格，并使人感觉非常协调。

选择适合的尺寸更美观

装饰画的尺寸宜根据房间的特征和主体家具的尺寸选择。例如，客厅的画高度以 50 ～ 80 厘米为佳，长度不宜小于主体家具的 2/3；比较小的空间，可以选择高度 25 厘米左右的装饰画；如果空间高度在 3 米以上，最好选择大幅的画，以突显效果。一般来说，狭长的墙面适合挂放狭长、多幅组合或者小幅的画，方形的墙面适合挂放横幅、方形或是小幅画。

▲虽然使用的装饰画并非都是水墨画，但均具有中式韵味，与家具及其他软装的风格也非常统一。

居室内所用装饰画风格统一最佳

同一个居室内最好选择同种风格的装饰画，也可以偶尔使用一两幅风格截然不同的装饰画做点缀，但不可眼花缭乱。

另外，如装饰画特别显眼，同时风格十分明显，具有强烈的视觉冲击力，最好按其风格来搭配家具、靠垫等。

保养须知 • **装饰画的保养方法** •

①避免阳光直射。日光中的紫外线以及热度会对纸张以及色彩造成伤害，尤其是油画。因此，悬挂装饰画时尽量避开阳光直射的区域，人工光源也应避免。若需要对着光源，可以加层玻璃作部分阻隔。

②防潮。装饰画大部分为纸制品，具有纸的特点，除了惧怕日晒外，还应该避免潮湿，避免淋上水渍。如果是把装饰画保存起来，要记得防潮，不要接触墙面和接近窗户。

③远离刺激性物质。应该避免杀虫剂等刺激物质碰触到装饰画，以免材质被损坏。

工艺品 彰显主人品位的细节装饰

　　工艺品在家居中提升了艺术感的存在，它不仅可以烘托环境气氛，还可以强化室内风格，彰显居住者的审美和品位，逐渐成为了软装饰中不可缺少的元素，使生活环境更富有魅力。选择工艺品时，与家居整体的协调感是重中之重。

软装类型解析

①**材质类型：** 玻璃、木料、水晶、金属类、陶瓷、树脂、编织、漆器等。

②**摆放方式：** 单体摆放、组合摆放等。

工艺品材料类别速查

玻璃工艺品

玻璃工艺品是用手工将玻璃原料或玻璃半成品加工而成的产品，具有创造性和艺术性。一般分为熔融玻璃工艺品、灯工玻璃工艺品、琉璃工艺品三类，造型和色彩可选择性较多。

设计要点

玻璃工艺品可以根据玻璃的工艺来选择所适合的家居风格。

木工艺品

木工艺品有两大类，一种是实木雕刻的木雕，其种类多样，包括各种人物、动物甚至是文房用具等。还有一种是用木片拼接而成的，立体结构感更强。

设计要点

实木雕刻较适合中式风格的居室，而木片拼接款可根据其形态搭配适合的风格。

水晶工艺品

水晶工艺品是指以水晶为材料制作的装饰品。它具有晶莹通透、高贵雅致的观赏感。不同的水晶还具有不同的作用，深受人们喜爱，具有较高的欣赏价值和收藏价值。

设计要点

可以根据使用者的需求选择合适的款式，如有些水晶工艺品还具有为水晶消磁的作用。

铁艺工艺品

　　铁艺工艺品是以铁为原料的工艺品类型，有镂空式和实体式两种，它是用人工打造、焊接、塑形，通过烤漆、喷塑、彩绘等多道工序组合而成的产物，做工精致，设计美观大方。

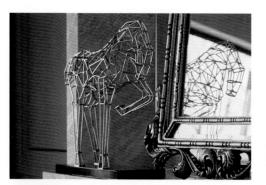

设计要点

铁艺工艺品不但环保，而且耐用，可以长期摆放而不易生锈。根据其结构搭配相应的风格即可。

铜工艺品

　　铜工艺品主要原料为青铜、紫铜和黄铜，古董式的青铜器具有历史价值和收藏价值。现代铜工艺品多为黄铜制品，多为人物、动物等摆件以及花瓶、香炉等用品。

设计要点

铜工艺品除了立体式的还有平面式的，前者多用于摆放，后者多用来悬挂。

不锈钢工艺品

　　不锈钢工艺品是指以不锈钢材料为主，辅以其他材料加工制作而成的工艺品。属于特殊的金属工艺品，比较结实，质地坚硬，耐氧化，无污染，对人体无害，属于绿色工艺品。

设计要点

适合简约风格、现代风格、后现代风格、新古典风格的家居。

银工艺品

银工艺品是以白银为原材料，制成各种造型的工艺品。有掐丝和实体两种类型，题材丰富，既有具民族特点的银丝装饰又有适合各种风格的动物、人物等，具有收藏价值。

设计要点

适合民族韵味较强的风格的居室，例如东南亚风格。摆放应注意避免强光和潮湿区域。

陶瓷工艺品

陶瓷工艺品是以陶瓷为原料制成的工艺品，家居陶瓷工艺品大多制作精美，即使是近现代的陶瓷工艺品也具有极高的艺术价值。陶瓷工艺品的款式繁多，主要以人物、动物或瓶件为主。

玉工艺品

玉工艺品是以玉石为原料，通过各种雕刻手法制成的工艺品类型。题材以动物、山水、人物等为主，多带有中国特有的美好含义或寓意，大部分都带有木质或金属材质的底座。

设计要点

适用的风格非常多样化，不同造型或题材的陶瓷工艺品，适合不同风格的居室。

设计要点

与中式、新中式风格的居室搭配最协调，佛教题材可混搭东南亚风格或日式家居中。

编织工艺品

编织工艺品是以自然材料为原料，通过编织加工而成的工艺品。包括草编、柳条编、玉米皮编、竹编等类型。此类工艺品具有乡土特色，非常淳朴，颜色较少，多数为中性色，比较好搭配，经济实用、美观大方。

设计要点

适用于田园类的家居中，例如各种田园风格、地中海风格、东南亚风格等。

树脂工艺品

树脂工艺品是以树脂为主要原料，通过模具浇注成型，制成各种造型美观的工艺品，无论是人物还是山水都可以做成，还能制成各种仿真效果，包括仿金属、仿水晶、仿玛瑙等。

设计要点

非常易打理，如果喜欢其他材质的质感但不好保养，可选择树脂仿制品代替。

漆器工艺品

漆器具有耐酸、耐碱、耐热、防腐等特性，很早就被人们利用。发展到现在，漆器不仅具有实用性还发展出艺术性。它的装饰手法多样，有彩绘、描金、填漆等。

设计要点

漆器的适用范围广泛，保养简单，对空间湿度等没有特殊要求。

软装设计技巧

▲将具有浓郁东南亚韵味的工艺品摆放在客厅的中央位置上，与两侧一些小工艺品组合，强化了风格特点。

▲高低错落的工艺品形成了节奏感，为对称式的墙面及家具造型增添了一些柔和感。

工艺品的摆放位置很重要

　　一些较大型的反映设计主题的工艺品，应放在较为突出的视觉中心的位置，以起到鲜明的装饰效果。如在起居室主要墙面上悬挂主题性的装饰物，如兽骨、古典服装或个人喜爱的收藏品等。在一些不引人注意的地方，可放些小型工艺品，来丰富居室表情。如书架上，陈列一些小雕塑、花瓶等，增加生活气息。但切忌过多，假如到处摆放，效果将适得其反。

还应注意尺度和比例

　　在摆放工艺品时，除了位置外，还应注意尺度和比例，布置有序的艺术品会有一种节奏感，要注意大小、高低、疏密、色彩的搭配。如色彩鲜艳的宜放在深色家具上；美丽的卵石、古雅的钱币，可装在浅盆里，放置低矮处，便于观全貌。

　　除此之外，还需兼顾工艺品与整个环境的色彩关系。小工艺品的色彩可以艳丽一些，大工艺品要注意与环境色调的协调。

保养须知 • 家居工艺品的保养方法 •

　　①木质工艺品。木质工艺品一般使用年代较长，最好每隔三个月用少许蜡擦一次，不仅增加家具美观，而且保护木质。

　　②金属类工艺品。放置金属类工艺品的房间必须保持干燥，少尘埃和空气污染物。应预防接触会腐蚀金属的有害化学作用物质，如酸类、油脂、氯化物等。

　　③石材类工艺品。不宜用带水的毛巾擦拭，可用含蜡质的或含油脂的纯棉毛巾擦拭。经常用干棉布或鸡毛掸子将石雕工艺品上的灰尘掸去。

绿色植物 净化空气，缓解视觉疲劳

在家居中摆放一些绿色植物，不仅能够美化家居环境，使人亲近自然，还具有实际的功用，如净化空气、驱蚊、吸收甲醛等作用，还能够驱赶视觉疲劳。绿色植物的种类可以结合居室风格以及功能需求选择，摆放可以根据居室的面积选择具体位置。

软装类型解析

据不完全统计，家居绿植的种类高达400多种。这些植物有的纯粹作为观赏，有的能够吸收空气中的有害物，有的可以杀菌，还有一些能够驱虫。选择时，除了根据大小来选择适用空间外，还可以根据它们功能的不同和习性的不同，来决定它们的摆放位置。

可吸收有害物质的绿植：吊兰、绿萝、铁线蕨、袖珍椰子、芦荟、虎尾兰等

可杀菌的绿植：龟背竹、滴水观音、非洲茉莉、绿叶吊兰、金心吊兰等

可驱蚊虫的绿植：天竺葵、薄荷、九里香、猪笼草等

绿植使用空间类别速查

客厅

　　客厅是家人集中的活动空间及待客空间，面积通常比较宽敞，可选择一株或者两株大型植物放在墙角处或沙发旁边，要注意摆放的位置不能影响室内交通和视线。

设计要点

适合客厅放的植物有发财树、幸福树、金钱树、花叶万年青、龟背竹、绿宝石等。

餐厅

　　餐厅的植物可以根据面积选择，如果餐厅面积够大，可以在角落摆放大、中型的盆栽；小餐厅选择小盆栽，也可以选择垂直绿化的形式，以带有下垂线条的植物点缀空间。

设计要点

餐厅不适合摆放一些带有香味和异味的植物，以免混淆食物的味道，影响食欲。

卧室

　　卧室是用来休息的地方，在选择植物时需要注意避免选择释放有害气体、有香味、带尖刺或者大量释放二氧化碳的植物，避免大型植物，尽量选择小型植物。

设计要点

适合的植物有小型虎皮兰、芦荟、罗汉松、黄金葛、绿叶吊兰、鸟巢蕨等。

书房

　　书房是需要相对安静一些的环境，所以不建议多摆放植物，可以在书桌或者书橱上摆放比较文艺的小绿植，最好不要选择开花的种类。如果面积足够，可以在角落摆放一盆大型的盆栽。

设计要点

薰衣草、薄荷等，有着很好的提神醒脑的功效，特别适合放在书房书桌附近。

厨房

　　厨房是家居空间中空气最污浊的区域，需要选择生命力顽强、体积小且对油烟、煤气等有抵抗性的植物。植物数量宜少不宜多，且位置应远离火源，以避免失水。

卫浴间

　　卫生间经常会有异味，可以摆放一些喜阴并有净化空气作用的植物，开花的不太合适。数量不建议过多，最好是中小型的盆栽，摆放在马桶或者台面上。

设计要点

适合摆放冷水花、吊兰、红宝石、鸭跖草、绿萝、仙人球、芦荟等。

设计要点

金叶葛、观音竹、绿萝、波士顿蕨以及白鹤芋等具有净化空气的作用，适合摆放在卫浴间内。

绿植造型类别速查

微型盆栽

特别小型的盆栽，高度在 30 厘米以下，具代表性的是近年流行的多肉植物。其造型可爱，占地面积小，适合组盆或者成组摆放，非常适合摆放在阳台、窗台以及各种台面上。

设计要点

如果成组摆放，花盆的款式及色彩的选择就非常重要，适合的盆能够让植物装饰效果更佳。

小型盆栽

30~50 厘米高度的盆栽为小型盆栽，此类盆栽基本单手可以搬动，打理、观赏都很方便，可放在茶几、书桌、柜子上面，适合没有太多精力管理绿植的人群。

设计要点

可以单独摆放在合适的位置，如果放在大的台面上成组摆放，高低错落更有节奏感。

中型盆栽

中型盆栽一般高度为 50~75 厘米，一个人就可以移动，方便打理。可任意放在玄关、客厅、茶几等处，是目前最受欢迎的盆栽类型，最具观赏价值，最能表现盆栽家盆艺手法。

设计要点

常见的品种有富贵竹、吊兰、龟背竹、铁线蕨、银皇后、非洲茉莉等。

大型盆栽

大型盆栽一般高度为 75~90 厘米，这种盆栽具有气派的格调，同时具有古典气质，单独摆放即可形成景观，适合摆放在客厅、餐厅等宽敞的空间中。

盆景

盆景是中国传统艺术之一，以山石、水、植物、土等为材料，不仅具有观赏价值，还有收藏价值。家用一般为小型盆景，可以摆放在桌案上，也可单配架子。

设计要点

家庭常见大型盆栽为绿巨人、酒瓶兰、橡皮树、铁树、发财树、棕竹、鸭脚木等。

设计要点

与中式或新中式风格的家居搭配最协调，能够强化风格的古雅韵味。

爬藤

爬藤是指能够沿着物体自行攀爬生长的植物，这类植物线条可以自由延伸，如果不去截断，可以自由爬行非常远的距离，非常适合放在阳台上，能增加田野气息。

设计要点

特别适合种植在阳台或庭院中，能够形成一面植物墙。

软装设计技巧

▲沙发旁边摆放大棵植物，美观而又不阻碍交通，茶几上搭配较矮的绿植，形成呼应并塑造出起伏的层次，更美观。

▲南向客厅阳光充足，摆放各种喜阳的植物最合适，植物不仅要满足美观需求，还要兼顾其生长习性才能够存活。

家居中不适合摆放过多绿植

在居室内摆放植物时，数量不宜过多、过乱。通常来说，室内绿化面积最多不得超过居室面积的10%，否则会使人觉得压抑，且植物的高度不宜超过2.3米。另外，在摆放多个植物盆景时，最好可以形成高低起伏的层次感，如果全是大型植物未免拥挤，若都是小型植物又显得单调，结合使用更容易取得具有节奏感的整体效果。

根据朝向选择合适的绿植

◎朝南居室：适合摆放君子兰、百子莲、金莲花、栀子花、茶花、牵牛花、天竺葵、杜鹃花、月季、郁金香、水仙、风信子、冬珊瑚等。

◎朝东、朝西居室：适合仙客来、文竹、天门冬、秋海棠、吊兰、花叶芋、金边六雪、蟹爪兰、仙人棒类等。

◎朝北居室：适合棕竹、常春藤、龟背竹、豆瓣绿、广东万年青、蕨类等。

> **保养须知** · **家居绿植的保养方法** ·
>
> ①根据习性照射阳光。植物的习性是不同的，有的喜阳，有的喜阴，喜阳的植物需要充足的光照，而喜阴的植物不能直射阳光过长时间，需要根据它们的习性来提供光照。
>
> ②浇水不宜过多。大多数绿植在浇水的时候浇透即可，不需要太多，否则就很容易烂根或长病害。
>
> ③叶片也需要养护。植物的作用是通过叶片来完成的，如除尘、去除有害物质等，如果叶片上积灰过多，就会停止工作，所以叶片也要勤擦并喷洒水珠。

装饰花艺　增添生活情趣，美化家居

　　装饰花艺是指将剪切下来的植物的枝、叶、花、果作为素材，经过一定的技术（修剪、整枝、弯曲等）和艺术（构思、造型、配色等）加工，重新设计成一件精致完美、富有诗情画意，能再现大自然美和生活美的花卉艺术品。

软装类型解析

①**花艺风格：** 东方花艺、西方花艺。其中东方又分为日式和中式两种。

东方花艺

西方花艺

②**花艺颜色：** 单色、类似色、对比色、多色。

家居花艺材质类别速查

鲜花花艺

　　鲜花是最常使用的花艺材料，新鲜的花卉具有蓬勃的生命力，代表着一种自然美，它有很强的时令性，材料会根据季节而变化，因此可以让人感受大自然的时序变化。

设计要点

开放期很短，但效果自然，赏心悦目，需要经常更换才能够保持新鲜感。

干花花艺

　　干花是一种经过多道特殊工艺处理的植物，制作原料主要是草花和野生资源十分丰富的植物，造型美观。经过漂白后的干花可以重新染色，色彩较丰富，可选择性强。

设计要点

原料为鲜花，有鲜花的效果但略生硬，与鲜花相比优点是无需打理，不存在花期。

人造花花艺

　　人造花是完全由人工手段制造的花类，材料包括塑料、纸、丝绸及涤纶等。一个品种的人造花，花朵大小差不多，在插花时可以处理一下，形成大小差别，或者将不同种类混搭，形成层次。

设计要点

人造花种类多，但造型比较呆板、统一，需要经常清洁。

家居花艺造型类别速查

平卧式

平卧式造型的花艺，用花数量相对较少，没有高低层次变化，主要为横向造型。疏密有致，主要特点为表现植物自然生长的线条、姿态、颜色方面的美感，别致、生动、活泼。

设计要点

适合摆放在空间比较充足的区域，例如大的桌面、台面上。

直立式

直立式以第一枝花枝为基准，所有的花枝都呈现直立向上的姿态。此类花艺高度分明，层次错落有致，花材数量较少，表现出挺拔向上的意境，属于东方花艺。

设计要点

造型可高可低，适合中式、日式、东南亚风等家居风格。

下垂式

下垂式花艺的主要花枝向下悬垂插入容器中，具有峻拔挺秀之姿，最具生命动态之美，具有柔美、优雅的感觉，许多具有细柔枝条及蔓生、半蔓生的植物都宜用这种形式。

设计要点

适合柳条、连翘、迎春花、绣线菊、常春藤等花材，多为东方花艺。

半球形

半球形花艺适合四面观赏的对称式花艺造型，所用花材的长度基本一致，形成一个半球形。此种造型的花艺柔和浪漫，轻松舒适，可用来装饰茶几、餐桌、卧室装饰柜等。

设计要点

属于西方花艺中较为平和的款式，很常用，适用范围比较广泛。

三角形

三角形花艺外轮廓为对称的等边或等腰三角形，下部最宽，越向上越窄。结构均衡，形态优美，给人整齐的感觉，多采用浅盆或矮花瓶做容器，家居中可放在角落的家具上。

设计要点

属于西方花艺的常用形式之一，不仅适合欧式风格，也可用于其他风格居室中，选择合适颜色即可。

倾斜式

倾斜式花艺的花枝向外倾斜插入容器中，比较活泼生动，宜多选用线状花材，并具自然弯曲或倾斜生长的枝条，如杜鹃、山茶、梅花等许多木本花枝都适合插成此类型。

设计要点

倾斜式插花蕴含不屈不挠的精神，姿态清秀雅致，属于东方花艺，适合东方类风格的居室。

软装设计技巧

花器材质的搭配也很重要

花艺离不开器皿的衬托，所以花器对花艺的整体效果影响是不可忽视的。以制器材料来分，常用的花器材质有玻璃、陶瓷、塑料、树脂及金属等类别。每一种材料都有自身的特色，作用于插花，会产生各种不同的效果，对应家居风格选择适合的器皿是很重要的。

花器材质类型			
容器类型	**特点**	**适用范围**	**例图**
玻璃容器	◎家居常用花器之一 ◎常见有拉花、刻花和模压等工艺 ◎车料玻璃最为精美 ◎颜色鲜艳，晶莹透亮 ◎兼具实用性和装饰性	透明玻璃容器比较简约，彩色玻璃容器品种更多，可以结合家居风格选择	
陶瓷容器	◎家居常用花器之一 ◎品种丰富，有几十种之多 ◎兼具实用性和装饰性	陶瓷容器既有朴素的，也有华丽的，适用范围非常广泛	
编织容器	◎采用藤、竹、草等材料用编织的形式制成的花器 ◎具有朴实的质感 ◎与花材搭配具有田园气氛 ◎易于加工，形式多样	比较适合田园风格、乡村风格及地中海风格的家居	
树脂容器	◎利用树脂材质通过加工形成的 ◎硬度较高，款式多样，色彩丰富 ◎质地比塑料优良，但性能差不多	与塑料花瓶虽然类似，但更精美，各种家居风格均适用	
金属容器	◎由铜、铁、银、锡等金属类材料制成 ◎具有或豪华或敦厚的观感 ◎在东、西方的花艺中均不可缺少	亮面的具有华丽的观感，适合华丽风格；做旧处理的比较质朴，适合淳朴的家居风格	

▲新中式风格的居室中，搭配东方风格的花艺，整体感觉非常协调、融洽。

根据家居风格选择适合的花艺更协调

　　家居中使用的花艺风格如果能够与家居风格对应，更容易获得协调的装饰效果。例如中式风格搭配东方风格中的中式风格最协调，但是一些东方类风格居室中，例如东南亚风格家居，使用东方花艺同样具有协调感，除此之外因为造型简单，同样还适用于极简风格中；而西方花艺不仅适用于欧式风格、美式风格等西方风格家居，同时现代风格也可使用。

▲花艺的色彩虽然比较鲜艳，但与墙面及家具均有所呼应，且花艺本身配色协调，主次分明。

花艺的颜色宜耐看且展现居住者审美及情趣

　　家居花艺的色彩不仅体现的是自然写实，更是对自然景色的提炼升华。花材的色彩搭配要耐看，远看时进入视觉的是插花的总体色调，总体色调不突出，画面效果就弱，作品容易出现杂乱感，而且缺乏特色；近看插花时，要求色彩所表现出的内容个性突出，主次分明。除此之外，还需能够展现出居住者的审美及情趣。

保养须知 ● **家居花艺的保养方法** ●

　　①及时换水。鲜花想要延长开放时间，水分是主要的养料，需要勤换干净的水才能延长花期，两三天换一次花瓶里的水，并使花朵之间保持一定的空间。

　　②添加营养素。鲜花除了及时换水外，还可以为花朵添加一些养料，在花瓶中倒上稍微温一点的水，再加入一些花朵营养素，可以使花朵更长久保持活力。

　　③避免受热。花朵喜爱待在清凉的环境里，但也不能受冻。不要将他们放在电视或其他电器的上面，以免过热导致花朵枯萎儿。

装饰镜　增添亮点、扩大面积、强化风格

　　装饰镜除了能够扩展居室的视觉面积外，还能够为居室增加亮点并进一步强化风格特点。因此，所选择的装饰镜颜色及造型应与家居空间的墙面、家具等装饰元素的风格相协调，才能够使人产生共鸣。

软装类型解析

镜面造型分类：圆形、椭圆形、方形、长方形、不规则形等。

圆形装饰镜

椭圆形装饰镜　　　　　　　　　　　　方形装饰镜

长方形装饰镜　　　　　　　　　不规则形装饰镜

装饰镜空间类别速查

客厅装饰镜

在客厅使用装饰镜，可以营造出宽敞的空间感，还可以增添明亮度和华丽感。摆放或悬挂位置可以是壁炉的上方、电视的两侧、电视柜的上方或沙发的上方等位置。

设计要点

客厅的装饰镜面积可大一些，甚至占满墙面，但不宜安装在顶面上，以免产生压抑感。

餐厅装饰镜

餐厅中的装饰镜，可以悬挂在餐桌的侧面，也可以摆放在餐边柜上，还可以直接摆放在地面上。此处使用镜子能够扩展空间，以及反射各式菜肴，具有非常好的装饰效果。

设计要点

面积小或采光不佳的餐厅建议使用装饰镜，且可以大面积使用。

卧室装饰镜

在卧室安装装饰镜，可以悬挂在面积较大的墙面上，也可以镶嵌在衣柜门上，还可以固定在卧室门上。如果是作整理仪容用的，建议大一些，装饰用的建议小一些。

设计要点

卧室不建议大面积使用装饰镜，且位置宜避免正对床头，以免夜晚让人惊慌。

玄关装饰镜

在玄关摆放一面装饰镜也是家居中较为常用的装饰手法，主要作用是方便出门前检查妆容。装饰镜可以固定在墙面上，也可以摆放在玄关柜上，再搭配一盆鲜花，效果会更好。

设计要点

如果换衣在玄关完成，建议采用能够照全身的款式。

过道装饰镜

如果过道较长，可在两侧交错或单侧悬挂装饰镜，能够使过道看起来比较宽敞；如果过道较黑暗、曲折，可在弯曲处悬挂凸镜来丰富视野。

设计要点

可以单独摆放在合适的位置，如果放在大的台面上成组摆放，高低错落更有节奏感。

装饰镜边框材料类别速查

木框装饰镜

木质边框的装饰镜主要有两个种类，一种是平框没有任何花纹的款式，造型简约；一种是带有雕刻式花纹的款式，造型华丽一些，分别适合不同风格的居室。

设计要点

木框装饰镜色彩以白色、黄色、黑色和棕色为主，可以根据风格选择合适的造型和色彩。

不锈钢框装饰镜

不锈钢框可以分为亮面不锈钢和拉丝不锈钢两种类型。亮面不锈钢非常光亮，能够增添时尚而华丽的感觉；拉丝不锈钢则具有质感，显得高档、典雅。

铁艺框装饰镜

铁的可加工性能好，所以铁艺边框的镜子造型比较多样，例如掐丝、点线面结合、块面与线结合、大块面等诸多样式，可选择性非常多，颜色以黑色和古铜色较多。

设计要点

此类装饰镜除了适合现代、后现代风格外，也适合新古典风格及新中式风格的居室。

设计要点

黑色铁艺镜子比较古朴，适合自然类的风格；古铜色比较华丽，与铜镜类似。

铜框装饰镜

铜框装饰镜有两种效果，一种是亮光的铜，一种是经过做旧处理的铜。前者比较华丽，后者复古并具有历史感和沧桑感。此类镜框个性十足，适合有历史痕迹的风格。

设计要点

亮铜装饰镜如果运用得不好，很容易使人觉得俗气。搭配时应注意。

树脂框装饰镜

　　树脂框原料为树脂，成品具有金属的强度，具有非常好的流动性且易于成型。此类相框表面有手绘做色效果，外表雕刻为纯手工制作而成，纯手工打磨，多为欧式风格。

设计要点

适合与欧式、法式风格居室相搭配，例如新古典风格、洛可可风格等。

无框装饰镜

　　无框装饰镜是指没有边框的装饰镜种类，此类装饰镜通常比较华丽，完全由水银镜面组成具有起伏感的造型，立体感明显，非常明亮、突出。

藤框装饰镜

　　将藤加工后，采用编织的方式做成镜框搭配水银镜，具有现代风格与质朴风格融合的感觉。藤框多为中性色，花样较少，给人柔和、淳朴的感觉。

设计要点

非常适合华丽一些的家居风格，例如现代风格、新古典风格、法式风格等。

设计要点

藤框类装饰镜适合与其风格相符的自然类家居风格，例如田园风格、东南亚风格等。

软装设计技巧

▲卧室中虽然使用了两面装饰镜，但与背景墙的造型结合，并搭配了木质装饰，掩盖了部分面积，感觉很舒适。

装饰镜并不是数量越多越好

镜子对空间的拓展有一定的效果，能增加住宅的空间感，但并不是数量越多越好。如果家中镜子过多，由于其存在反射光线，会折射一些有害波光，会使人的身体受到光辐射的损害。

▲餐厅墙面大面积使用了装饰镜，但做了条纹式的纹理处理，并悬挂了装饰画，不会让人觉得过于突兀。

大面积使用装饰镜时避免平面化

家居中不宜大面积使用平面镜做装饰，如果有一面大镜子，人无论在哪一个位置，影子都会在镜中出现，久而久之，会对人的情绪产生不良的影响，尤其是在工作疲劳时，更易产生错觉，引起恐慌，对小孩更为不利。可以与其他材料结合使用形成一面完整的背景墙，或者在镜面上加入一些装饰，例如加入格纹元素，就可以弱化整片镜面所带来的不适感。

保养须知 • 家居装饰镜的保养方法 •

①常清洁。经常用干的软布擦拭镜子的表面，使镜子保持干燥、整洁。尽量不要用湿布擦拭，否则镜面会模糊不清，玻璃也易被腐蚀。

②不宜沾湿物。不要用湿手触摸镜子，也不要用湿布擦拭镜子，避免增加潮气倾入；镜子不能接触到盐、油脂和酸性物质，这些物质容易腐蚀镜面。

③煤油或蜡擦更明亮。可用软布蘸上些煤油或蜡擦拭，或是用蘸牛奶的抹布擦拭镜子、镜框，可使其清晰光亮。

第三章
不同空间的软装设计

通常在设计软装时

都是一个一个空间进行的

在不同功能的家居空间中

所使用的软装类型是略有区别的

即使是同一样物品

当用在不同空间时，就有一些规则和技巧

否则很容易显得杂乱

□ 客厅软装设计　　　　　□ 书房软装设计

□ 餐厅软装设计　　　　　□ 玄关软装设计

□ 卧室软装设计

客厅软装设计 各种类间应具有协调感

客厅是家居中主要的活动场所，不仅是家人的集中活动区域，更是待客、会友的最佳区域，它的装饰最能够反映出居住者的审美和品位。软装的选择尤为重要，不仅每个种类要美观、实用，所有的软装之间搭配起来也应具有协调感。

客厅软装速览

小型工艺品，数量在精不在多

花艺，最佳位置为茶几上

常用布艺：靠枕

小型工艺品，摆放位置为茶几

常用灯饰：筒灯

常用布艺：窗帘

常用布艺：靠枕

常用布艺：地毯

客厅软装类别速查

灯饰

客厅中常用的灯饰包括吊灯或吸顶灯、落地灯、筒灯等，可能会使用的灯饰有台灯、壁灯、射灯等。具体数量的组合，可结合客厅面积的大小来决定。

设计要点

所使用的灯饰如果是同一系列的最佳，如果不是同一系列，也建议风格统一。

布艺、织物

　　客厅中常用的布艺织物有窗帘、地毯、靠枕、布艺沙发套、桌旗或桌布等。布艺属于客厅中占据面积较大的软装，所以它们的色彩及纹理的选择很重要，尤其是窗帘。

设计要点

大客厅可以搭配一些花纹较大的布艺，避免空旷感，小客厅更适合小花纹或素色的款式。

工艺品

　　客厅中工艺品的体积选择可以结合面积来决定。面积大的客厅可以在中心部分摆放一件体现主题的大型工艺品，例如电视墙上；如果客厅面积很小，就只适合摆放一些小型工艺品。

设计要点

客厅中工艺品的数量在精而不在多，且摆放时应注意不妨碍人的正常交通路线为佳。

装饰镜

　　客厅中装饰镜的使用方式有两种，一种是小面积的悬挂，一种是大面积的作为背景墙使用。这两种使用方式可以根据家居整体风格以及居室面积来具体决定。

设计要点

除了悬挂外，客厅装饰镜也可摆放，但不建议有老人和孩子的家庭如此操作。

装饰画

客厅装饰画可悬挂可摆放，除了组合式的搭配方式外，如果想要以装饰画为装饰中心，可以选择一幅较大的画作，放在客厅的重点装饰部位上，例如背景墙。

绿植

客厅中的绿植通常会选择比较大棵的，比较引人注目，建议与家居风格搭配起来选择，如北欧风格或简约风格适合如琴叶榕等简练的类型，华丽的风格则适合大叶片的类型等。

设计要点

如果客厅墙面粘贴的是壁纸，装饰画建议选择同一风格，不建议混搭。

设计要点

在自然风格类的家居中，客厅植物还可上"墙"，用悬挂的容器制造一面背景墙是不错的主意。

花艺

客厅中的花艺建议摆放在电视柜、装饰柜或者茶几上，这些位置不会对频繁的活动造成干扰，是比较安全的位置。如果使用的是鲜花，会经常更换色彩及品种，无论怎么更换，都应与客厅整体氛围统一。

设计要点

在节日的时候，可以应景地在客厅中使用一些对应的花卉。

● 软装设计技巧

软装不要塞满客厅，留白是必要的

客厅属于家居中的大空间，在布置软装饰时，除了必须使用的软装物品外，还会有一些是为了满足美化环境的需求，需要注意的是，无论哪种需求的软装，都不建议因为面积足够大就塞得满满的，适当的留白是必要的，否则不仅不美观，还会让人感觉很拥挤。

▲客厅中，装饰画使用了一幅大的画作，墙面其他部分就做了留白处理；靠枕的数量较多，但部分采用了沙发的同色，也使人感觉留有余地。

▲地毯的色彩与家具呼应，而茶几上的摆件与沙发上的靠枕相呼应，令客厅整体色彩融合感强。

大客厅中，软装的色彩之间有呼应，更容易取得整体感

有一些客厅的面积比较大，同时还与餐厅处于一个开敞空间内。这种情况下，软装的数量就会多一些。在选择不同类型的软装时，如果能与家具之间、墙之间或者软装之间，有一些色彩上的呼应，整个空间的整体感会更强一些，也能够避免凌乱感的产生。

餐厅软装设计 以不影响食欲为原则

餐厅软装因居住者的不同喜好和性格、年龄的差距会有一些差异。但总的说来，餐厅是用餐的空间，软装宜以能够促进食欲的色彩和图案为佳，例如橙色和黄色以及类似的色系，带有瓜果图案的桌布等，即使为了呼应整体而使用素色，也可采用此类的小装饰。

餐厅软装速览

常用灯饰：吊灯

无香味的花艺，摆放在餐桌上

少用灯饰：台灯

花朵为主的花艺，放在台面上

小型绿植，摆放在台面上

常用灯饰：筒灯

幅面大一些的装饰画，具有视觉冲击力

小型工艺品

餐厅软装类别速查

灯饰

餐厅中的常用灯饰种类比客厅要少一些，最常见的是吊灯和筒灯，可能会用到的有壁灯和射灯，台灯及落地灯基本使用不到。通常以吊灯为主灯，且下吊高度较低。

设计要点

如果餐厅面积较小，只需一盏吊灯就可以满足采光需求；如果面积大，可搭配一些筒灯。

布艺、织物

　　餐厅中布艺织物的种类会根据餐厅位置以及风格的不同而不同，与客厅不同的是，餐厅内没有必须使用的固定品种布艺，较为常用的是窗帘、桌布或桌旗、坐垫及地毯。

设计要点

如果餐厅中要使用窗帘，最好选择非纯棉且容易清洗和打理的材料。

工艺品

　　大多数户型中餐厅面积都比较小，除非是特别宽敞的别墅户型，否则餐厅中不建议摆放大型工艺品。可以选择一些小型的符合风格的款式，摆放在餐边柜或者搁架上。

设计要点

餐厅中工艺品通常会与其他软装组合摆放，宜注意高低节奏的控制，避免过于呆板。

装饰镜

　　餐厅中使用带有边框的单体装饰镜不建议选择太大的款式，单个的装饰镜过大会让人觉得比例失衡，若觉得一个比较少，可以组合使用小镜面，如果觉得不够明亮还可以使用镜墙。

设计要点

餐厅的装饰镜主要作用是满足装饰作用，造型宜与整体风格相协调。

装饰画

装饰画是餐厅墙面上最常用的软装饰种类，无论是大餐厅还是小餐厅，都可以用装饰画来活跃氛围。如果餐厅整体色调比较素雅，装饰画上可以带一些明亮的暖色，来促进食欲活跃氛围。

设计要点

在餐厅中，使用一幅稍大些的装饰画装饰墙面，是最能加强视觉冲击力的方式。

绿植

餐厅中的绿植不是必需品，如果餐厅面积很小就不建议使用绿植。比较宽敞的餐厅内，使用一些绿植来装饰能够柔化建筑线条，可以放在角落部位或台面上。

花艺

餐厅中的花艺最适合的摆放位置是餐桌上，如果有餐边柜也可以放在餐边柜上。餐桌上的可以选花朵少一些、没有香味的，餐边柜上的限制少一些，但不建议选浓香的。

设计要点

若餐厅和厨房共用一个空间，不建议使用大棵的绿植，以免受到油烟的污染。

设计要点

很多餐厅中花艺都会与装饰画成立体的直线关系，如果两者色彩有所呼应，会更具趣味性。

软装设计技巧

小餐厅中使用的窗帘样式宜简洁一些

　　面积较小的餐厅中，如果需要使用窗帘，建议选择比较简洁的款式，以免使空间因为窗帘的繁杂而显得更为窄小。

　　窗帘的宽度，一般以两侧比窗户各宽出 10 厘米左右为宜，底部应视窗帘式样而定，短式窗帘也应长于窗台底线 20 厘米左右为宜。

▲餐厅的宽度较窄，而长度长，在选择窗帘时选择了简洁的款式，且与墙面色彩呼应，有统一感，让空间显得更宽敞一些。

餐厅中，盘子也可做装饰

　　餐厅属于家中的活动区域，但使用频率没有客厅那么频繁，所以就餐环境的适宜比睡眠、学习等环境轻松活泼一些，布置软装时可以营造一种温馨祥和的气氛。因此不妨在餐厅的墙壁上挂一些符合餐厅使用功能的装饰品，例如精美的瓷盘，用以点缀、美化环境。

▲餐厅的窗上方，悬挂几个彩色的瓷盘，不仅起到了美化餐厅环境的作用，而且更符合餐厅用餐的功能性。

卧室软装设计 安全感和舒适感更重要

　　卧室是家居中私密性最强的空间，也是人们在家居中停留时间较长的空间，它的软装布置，美观是次要的，更重要的是营造一种安全感和舒适的氛围，让使用者可以完全放松，轻松地入眠，切忌本末倒置，为了美观而忽略舒适性。

卧室软装速览

装饰画，同系列成组悬挂

常用布艺：窗帘

常用灯饰：台灯

花艺，摆放在床头柜上

绿萝盆栽，有净化空气的作用

常用布艺：床品

卧室软装类别速查

灯饰

　　通常来说，卧室内需要一个主灯，可根据房高选择吊灯或吸顶灯，如果不喜欢主灯，可以完全用多盏筒灯照明来代替主灯。台灯、壁灯或落地灯等局部照明比起主灯来说反而更常用。

设计要点

卧室中的灯饰选择温暖的黄色光为佳，能够营造出温馨的氛围。

布艺、织物

卧室中的软装布艺织物是主体，种类包括有窗帘、床品、靠枕、地毯等。其中窗帘最好是三层能够隔音并遮光的款式，床品和靠枕以舒适为主，而地毯选择天然材质的脚感更好。

> **设计要点**
>
> 如果床品的花纹比较突出，其他部分建议弱一些，以免过于喧闹。

工艺品

卧室因为功能需求及面积的限制，不建议选择大型工艺品，最好摆放柔软、体量小的工艺品作为装饰，挂鹿头、牛头等兽类装饰尤其不适合使用，夜半很容易让居住者受到惊吓。

> **设计要点**
>
> 卧室内摆放装饰品的位置较少，最好不要放在床头上方，可以放在收纳柜或床头柜上。

装饰镜

卧室内的装饰镜有两个类型，一是为了满足装饰而使用的，另一种是兼具实用性的梳妆镜、穿衣镜等。无论是哪一种，都不建议对着床头摆放，如果必须对着，建议夜晚遮盖起来。

> **设计要点**
>
> 卧室内纯粹用来装饰的装饰镜，建议使用比较小的款式。

装饰画

卧室内的装饰画只要放置的位置恰当，就能起到画龙点睛的作用，数量不宜太多，以免让人眼花缭乱，影响卧室和谐的氛围，若必须摆放多一些，建议选一系列的内容。

绿植

卧室内建议选择一些小型或微型的绿植来装饰空间，植物夜晚会放出二氧化碳，数量太多对健康不利。可选有净化空气作用的，以及带有驱蚊或助眠作用的植物。

设计要点

卧室内的装饰画可以悬挂在床头背景墙、侧墙或床头对面的墙面上。

设计要点

有香味的植物不宜距离床头太近，会影响睡眠。

花艺

卧室中的花艺，体积不宜太大，比起结构曲折的中式花艺来说，西方花艺更适合放在卧室中，例如球形花艺。花艺适合摆放的位置有窗台、收纳柜及装饰柜台面或者床头柜上，色彩可协调可突出。

设计要点

人造花或干花容易吸灰，不建议放在床头附近。

软装设计技巧

分清主次，床为中心

　　建议卧室内软装的色彩既要符合个人爱好、更要注意与房间的大小、室内光线的明暗相结合，还应与墙、地面的色彩相协调，但又不能颜色太相近，否则会主次混淆。一切软装的设计均要以床为中心，例如床上用品的色彩或花纹最突出，窗帘次之。

▲床上用品作为卧室的中心，一部分使用了与周围差距较大的蓝色，凸显其主体地位；还有一部分使用了白色，与周围的墙面呼应，强化软装与硬装的整体感。

▲面积较大的卧室，设置了专门的工作区，因此，分区布置软装，并将两区域的颜色做部分呼应，整体而又主次分明。

卧室软装可分区布置

　　◎睡眠区：放置主体照明、床上用品及窗帘的区域。

　　◎梳妆区：放置梳妆灯以及一些小的工艺品。

　　◎休息区：主要软装为靠枕以及一些绿色植物或花艺，色彩组合不建议太复杂。

　　◎阅读区：大卧室中可能会有单独的阅读区，其位置应该在房间中最安静的角落，适合摆放台灯、工艺品、花艺或绿植等。

书房软装设计 醒脑而又不影响创作

　　书房的性质介于开放和私密之间，如果使用的人数比较固定，软装的设计宜以使用者的习惯和喜好为设计出发点。这里的软装不宜过于花哨，以低调、体现品味而又不分散注意力的为佳，如果过多、过乱，很容易影响学习、工作或创作。

书房软装速览

工艺品，放在书橱上活跃氛围

常用灯饰：台灯

微型盆栽，缓解视觉疲劳

书籍，分类按顺序摆放规整

小盆栽，调节整体气氛

工艺品，放在书桌上彰显品位

书房软装类别速查

灯饰

　　书房作为读书写字的场所，对于照明和采光的要求很高，人眼在过于强和弱的光线中工作，都会对视力产生很大的影响。在工作区宜使用台灯，而阅读区可以使用落地灯。

设计要点

如果书房的高度足够，可以使用造型复杂一些的吊灯做装饰。

布艺、织物

书房中使用的布艺织物的种类较少，最常用的是窗帘，可能会使用的包括靠枕、地毯及桌旗。窗帘适合使用双层式的，白天能够避免阳光直射又保证能够透光，夜晚能保温、隔音。

设计要点

书房内的布艺，无论是颜色还是花纹都适宜文静一些，不要太花哨。

工艺品

书房是除了客厅外，家居中工艺品出现最多的区域。通常是一些小型的款式，摆放在书柜或搁架上，与书搭配，为文艺气息的氛围增添一些活跃感及品质感。

设计要点

书房内工艺品的材质选择可以多样化一些，用不同材质的质感制造空间整体的层次变化。

装饰画

书房装饰画的色调宜柔和并偏冷色，以营造出静谧的氛围。在画作内容的选择上，除了协调性、艺术性外，还要偏向具有浓厚历史文化背景的主题，以达到"境"的提升。

设计要点

装饰画的内容如果能与书房风格协调更佳，例如中式书房中使用中国传统水墨画。

绿植

　　绿色可以很好地缓解眼部的疲劳，所以在书房中摆放一些绿植是很有必要的，长青的绿萝、富贵竹等均可。最佳的摆放部位是桌案上，因此不建议太大棵，位置以不妨碍正常的工作动作为宜。

设计要点

如果书房面积比较宽敞，也可以在书桌对面的角落摆放一盆大型的盆栽。

花艺

　　花艺除了可以缓解视觉疲劳外，还能够让人心情愉悦，如果书房面积很小，绿植和花艺只能选择一种，使用花艺会更美观一些，但花艺的色彩不宜过于浓烈。它的摆放位置同样是在桌案上最佳，如果有沙发组合，也可以放在茶几上。如果放在书架上，建议使用非自然类的花材。

设计要点

桌案对面通常会有一或两张用于交谈的座椅，花艺放在桌案上时，以不妨碍人的视线为宜。

● 软装设计技巧

书房装饰宜清新淡雅

除了常用的家具，如大书柜、写字台、椅子等外，还宜把主人的情趣和爱好充分融入书房的装饰中。例如摆放一件艺术收藏品，几幅绘画或照片，几幅墨宝，或几个古朴简单的工艺品，都可以为书房增添几分淡雅、清新的韵味，这样的氛围也更容易让人保持头脑清醒，激发创作灵感。

▲ 小的工艺品装饰以及花鸟图案的装饰画，为严肃的书房增添了一些趣味性；而冷色系为主的装饰，更具清雅的感觉。

重要的装饰——书籍，建议分类摆放

书房中除了常见的几种软装外，最重要的装饰就是——书籍。很多人家里有许多藏书，整套的、不同大小和厚度的，这些藏书能够让书橱丰满起来，建议将它们分类存放，不仅便于查阅，还能够让书房显得井然有序，美化环境。如果是敞开式的书橱，搭配一些装饰品更美观。

▲ 宽窄不一的书橱造型，搭配不同类型的藏书，以及一些工艺品，让书房充满了文艺气息。

玄关软装设计　影射家居风格和品位

　　玄关是家居与外界的过渡空间。人们进入一个家居后，首先感受到的就是玄关的装饰，而后才是室内的布置。可以说玄关是室内的一个缩影，它具有影射整个家居装饰风格及居住者品位的作用，虽然玄关面积很小，软装饰的布置却一定要有态度有特色。

玄关软装速览

装饰画，彰显居室风格

花艺，体积小，花器彰显风格

小型工艺品，不同高度组合

小型工艺品，不同高度组合

玄关软装类别速查

灯饰

　　玄关的灯光不需过于明亮，且很少使用主灯，包括吊灯和吸顶灯等。大多数情况下，只需要局部照明即可，筒灯是最常用的灯饰，如果空间足够宽敞，也可在玄关几上使用台灯。

设计要点

除了明灯外，还可使用暗藏式的灯光设计，例如鞋柜下方暗藏灯管。

布艺、织物

　　玄关中的布艺种类非常少，常用的就是地毯，偶尔会用到桌旗。由于玄关承担着换鞋的功能，所以地毯选择人工材质且好清洗的比较好，花纹可以结合玄关面积和风格来选择。

设计要点

> 如果是小玄关，地毯的花纹不宜过大，颜色也建议低调一些，避免显得混乱、拥挤。

工艺品

　　工艺品是玄关中最常用到的装饰性的软装种类，它们的摆放位置主要是鞋柜或玄关几上，所以不建议摆放体积太大的款式，以免显得拥挤且妨碍交通动线。

设计要点

> 小型的工艺品高度上可以有些差距，组成起伏的造型，制造层次感。

装饰镜

　　小的玄关尤其适合使用玄关镜，与灯光结合后，能够让空间显得更明亮、宽敞。玄关中的装饰镜面积可大可小，如果是穿衣镜需要将整个身体容纳进去。

设计要点

> 玄关镜的款式和材质最好使用具有风格代表性的，以影射室内风格。

装饰画

很多户型的玄关中没有适合悬挂装饰画的墙面，所以通常是采用摆放的方式来展示。最佳位置是鞋柜或玄关几上方，装饰画不宜太大，人频繁经过很容易掉落。

绿植

玄关使用的绿植不宜选择大型盆栽，微型或小型最佳，同样适合摆放在柜子上。此处阳光不充足，最好选择喜阴的品种，若能够吸附灰尘更佳，可以降低一些细菌进入室内的几率。

设计要点

玄关中的装饰画，画面及色彩宜贴合居室的整体风格定位，让人一目了然。

设计要点

绿植的盆器与玄关家具的色彩作一些呼应，会让人感觉更整体，活泼一些的颜色也可以，但要注意协调感。

花艺

在入口处摆放一些花艺，能够让人进门就有美好的心情。花艺的摆放位置通常为家具台面上，所以不宜太大。选择与家居风格统一的花艺种类更能透射整体。

设计要点

玄关处的花艺颜色不建议太繁杂，若想活泼一些使用对比色就可以；如果想素雅一些，可使用近似色。

软装设计技巧

小玄关的软装布置不宜过于复杂

　　面积小的玄关，摆放软装物品时不宜太繁杂，点到即止为佳，切莫乱堆乱摆。如果家具很有特色，只需在上面摆上一些鲜花或小盆栽，再搭配一些精致有趣的小物件即可，简单而充满趣味，体现温馨的家居情调又能展现居住者的品位。

▲玄关与客厅处于同一个开敞空间中，由于比较拥挤，所以玄关的设计非常简单，仅在玄关上摆放了一幅装饰画和一个花瓶，虽然简洁却并不简单，与室内的色彩和风格均有呼应。

▲软装以玻璃材质为主，制造宽敞、透明的整体感，而后用淡金色来调节层次，明亮而高雅。

小玄关中软装可选明亮的浅色

　　很多中小户型中，玄关的面积都很小，如果软装的色彩太繁杂，就容易显得凌乱、拥挤，让人心情不佳。此种情况下，多使用一些透明的或者浅色系的软装，玄关会显得更宽敞一些。若觉得单调，可以加入一些无色系，例如淡金色或银色，不会破坏明亮感，同时还会显得更高雅，彰显品位。

第四章
软装设计与家居风格

家居空间的软装设计

最显著的技巧是与家居风格相统一

而软装可以说是风格的最直接体现

现代家居中风格越来越多样化

每一种家居风格所对应的软装都是不同的

了解它们互相对应的特点

有利于软装与风格的协调

□ 简约风格软装设计 □ 现代美式软装设计

□ 北欧风格软装设计 □ 田园风格软装设计

□新中式风格软装设计 □ 地中海风格软装设计

□ 法式风格软装设计

简约风格软装设计 简洁、实用

　　简约风格的特色是将设计元素、色彩、照明、原材料简化到最简练的程度，但对软装饰的色彩以及所使用材料的质感要求很高。简约的空间软装设计通常非常含蓄，以简洁、实用为原则，往往能达到以少胜多、以简胜繁的效果。

简约风格软装材质速查

不锈钢、铁艺	玻璃	陶瓷

简约风格软装配色速查

无色系	黑、白、灰	对比色

简约风格软装形状、图案速查

素色无纹理	动感线条或图案	抽象图案

软装设计技巧

金属质感可根据喜好选择

　　简约风格的家居中，软装常用的金属材质包括不锈钢和铁艺，色彩以银、金、黑色为主。最常见的软装种类是金属灯饰，金属工艺品和花器次之。这些软装使用的金属从质感上分主要有两种，一种质感光亮，较时尚；一种经拉丝处理，较高级，可以结合居住者的喜好和品位来具体选择。

玻璃装饰能增添灵动感

　　玻璃具有通透的质感，即使是彩色的款式，也非常光亮，是简约风格中的一种具有代表性的材质。在居室中，可以使用一些玻璃材质的灯饰，例如吊灯、台灯等，或点缀一些玻璃的花器、工艺品等，增添一些灵动感。

用陶瓷来调节层次感

　　简约风格中，陶瓷材质的主要使用对象为工艺品和花器。陶瓷的质感介于木质和玻璃之间，比木质光滑，但比玻璃温润，所以可以用此类软装来调节整体的层次感，大小根据摆放位置选择即可。

造型简约的灯饰更符合风格主旨

简约风格的灯饰以简洁的造型、单一的色彩、精细的工艺为特征。此类灯饰线条简单，设计独特，甚至是极富创意和个性的，例如铁艺灯饰，虽然是黑色，但造型却极具艺术感。

无框或超窄框抽象装饰画更具有简约内涵

无框或超窄框的抽象类或线条类的装饰画，摆脱了传统边框的束缚，具有极强的利落感，且使画面的张力更强，更具简洁、大气的感觉，与简约风格的居室搭配更相得益彰。

工艺品以玻璃和金属为主，造型多动感线条

简约风格的工艺品，造型不需要太复杂，但要求具有神韵，如果直接是线条造型或带有线条纹理的更佳。但线条应尽量简洁、利落，材质可选择玻璃、金属或者陶瓷，数量宜少不宜多。

软装色彩可根据所需效果选择

若追求冷酷和个性，简约风格的居室内，软装可以全部使用黑、白、灰的组合，更显淋漓尽致；喜欢华丽、另类的氛围，软装可采用具有强烈对比感的色彩，如红绿、蓝黄等配色，可令空间展现独特的活力气息。对比色的使用应是恰到好处的，不会显得杂乱，宜呼应简练的主题。

地毯为素色或带有代表性图案

在简约居室中，使用一块地毯，能够为简练的空间增添舒适感。地毯属于面积较大的织物，宜体现风格特点，可以选择完全素色的款式，喜欢活泼一点的也可以选择带有线条或抽象图案的款式。

简约风格软装设计案例详解

无框抽象装饰画

无色系色彩组合

造型简约的灯饰

玻璃＋金属材质工艺品

陶瓷材质工艺品

自然材质工艺品

线条感强的纹理

简单边框装饰画

线条感强烈

无色系色彩组合

自然材质靠枕

陶瓷材质工艺品

自然材质地毯

自然材质　　　　无色系色彩组合　　　　简单边框抽象装饰画　　　　造型简约的灯饰

玻璃＋金属材质工艺品　　　　自然材质靠枕　　　　金属材质工艺品

北欧风格软装设计 自然、纯净

北欧风格设计简练，却又自然、纯净。完全靠色彩作为家居设计中心是一大特点，其色彩搭配令人印象深刻。多使用中性色进行柔和过渡，总是能获得舒适的视觉效果，即使用纯净的黑、白、灰，也总有稳定的元素打破它的对比感，比如素色或中性色的软装。

北欧风格软装材质速查

木料	棉、麻	金属

北欧风格软装配色速查

黑、白、灰	柔和彩色	纯色点缀

北欧风格软装形状、图案速查

素色无纹理	几何形状	字母图案

软装设计技巧

使用一些木质装饰，可强化空间整体的融合感

　　木料是北欧风格的灵魂，在硬装及家具方面出现的几率非常高，而在软装上，多用在灯饰、相框、画框、装饰盘或工艺品上。在选择软装时，使用 1 ~2 件木料材质的款式，可以增强家具、硬装与软装之间的融合感。

棉、麻类布艺增添舒适感

　　棉、麻材料素雅而纯净，非常符合北欧风格所表现出来的意境在北欧风格的家居中，可以多运用一些棉麻系类的软装，包括床品、窗帘等，而且棉麻的质感与风格的"灵魂"——木料搭配起来也非常和谐。

使用一些金属装饰，可以调节层次感

　　北欧风格的家居中，家具及地面多使用木料，建议在选择小的工艺品及小型灯饰时，可以少量搭配一些金属材质的款式，与木质家具能够形成一种对比，为简洁的北欧风格家居带来微小而灵动的层次感。

窗帘以无色系及素色为主

北欧风格的家居中，窗帘多为无色系或素雅的色调，很少使用纹理，或只为简单的纹理，材料以棉、麻为主，展现一种低调的淳朴美和融合力。

简洁的灯饰更协调

造型简洁、大气的灯饰用在北欧风格家居中更协调，材质以金属及木质为主，如台灯、落地灯等类型灯饰讲求线条感和延伸感，极少为呆板的直线形，或转角处带有一点弧度，或为线条穿插结构。铁艺壁灯是北欧风格家居中的一个特色，多为长臂款，且延伸的距离较远。

黑白摄影作品背景墙可增添艺术感

在北欧风格的家居中，用照片组成一面背景墙可以增添艺术感，如果画作的色彩为黑白色，更能够体现出北欧风格的意境。有别于其他风格的是，北欧风格中的照片墙、相框往往采用木质，这样才能和风格本身协调统一。

鲜花、绿植可增添清新感

　　北欧风格的家居在装饰上往往比较简洁，可以多用一些鲜花、绿植做装饰，不仅契合了北欧风格追求自然的理念，也可以增加清新感。绿植多为大小组合，花艺则可以少量使用纯色。

柔和色彩的布艺更贴合主题

　　地毯和靠枕是北欧风格家居中常用到的两种布艺，同样以素色的款式居多。但与窗帘相比，色彩的选择范围更广一些，虽然整体仍讲求柔和感，但靠枕也可使用少量鲜亮的色彩。

布艺图案使用几何形状、字母或线条可强化风格特点

　　北欧风格被广泛使用后，逐渐出现了一些改良，例如加入了一些几何形状、字母或纯线条组成的纹理。这些纹理通常不会过于夸张，色彩也很柔和，能够为素雅的北欧风格居室增添一些动感和活力。

北欧风格软装设计案例详解

| 几何纹理＋线条纹理靠枕 | 金属工艺品 | 纯色地毯 | 造型简洁的吊灯 | 金属落地灯 |

造型简洁的灯饰

黑白摄影作品

金属落地灯

无色系棉麻靠枕

木质工艺品

几何纹理地毯

造型简洁的铁艺吊灯

黑白摄影作品
金属落地灯

棉麻素色床品

陶艺花盆

几何及线条纹理靠枕

素色地毯

造型简洁的金属吊灯

黑白摄影作品

陶瓷花器的素雅花艺

金属工艺品

新中式风格软装设计 庄重、优雅

　　新中式风格的室内软装设计融合了庄重与优雅双重气质。此种表现手法使整个空间显出大家风范，其软装饰无论数量还是内容都不在多，而在于它所营造的意境色彩多在黑、白、灰基础上以皇家住宅的红、黄、蓝、绿等作为点缀色彩，此种方式对比强烈，效果华美、尊贵。

新中式风格软装材质速查

实木	棉麻、丝绸	陶瓷

新中式风格软装配色速查

黑、白、灰	单一皇家色	红、黄、蓝、绿等皇家色组合

新中式风格软装形状、图案速查

传统符号	山水画或书法	花鸟图案

软装设计技巧

实木装饰具有古典气质

在传统中式风格中，实木是一种非常具有代表性的材料，延伸到新中式风格中，实木仍然应用，但体积更小、重量更轻，多用于制作一些雕刻装饰，例如挂画、茶盘、小工艺品等。可适量使用此类软装，增添古典气质。

布艺以棉麻或丝绸为主

在新中式风格的家居中，棉麻或丝绸主要运用在布艺类的软装上，其中丝绸是独具中式特色的布艺材料，用它做装饰，能够起到点睛的作用，特别是放在实木家具上，可以强化风格特征。

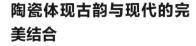

陶瓷体现古韵与现代的完美结合

陶瓷从古代一直延续至今，是非常具有中国民族特色的材料，最著名的就属青花瓷。新中式风格中的陶瓷制品更加多样化，在古典韵味的基础上融入了现代元素，不仅仅是花器、工艺品等，甚至台灯底座也可以使用，有的还会印有花鸟图案。

灯饰宜具有中式意境

新中式灯饰的材料主要以木材为主，搭配纸罩或者羊皮罩。图案较多为中式古典图案，例如龙、凤、龟等，做工比较精细，灯光柔和，给人温馨、宁静的感觉，造型多为圆形、方形。不喜欢过于传统的灯饰，也可以选择造型简洁但具有中式韵味的款式。

传统符号多用于布艺上

新中式图案讲究对称、方圆，使用凸显浓郁中国风的图案，带有传统的特色。色彩或素雅或华贵大气，式样都不会太夸张，讲求设计的精致性，而且有种平稳的感觉。此种纹理的使用多在靠枕和床品上，可彰显风格底蕴。

若家具为深色，软装色彩可明亮一些

新中式讲究的是色彩自然和谐的搭配，经典的配色是以黑、白、灰色和棕色为基调，很多大户型中家具以黑色和棕色居多，若搭配一些带有皇家色的软装，可以减轻家具的沉闷感，使用对比色会更活泼。

装饰画多具有古雅意境

　　新中式风格的装饰画画风端庄典雅、古色古香。色彩古朴庄重，多以中国古典名人、山水风景、梅兰竹菊、花鸟鱼虫等为主题，具有典型的中式神韵。除了具象的内容外，使用水墨绘制的抽象画，也同样适合新中式居室。

多个工艺品组合时可用黑白灰组合皇家色

　　有一些新中式区域中可能会同时使用多件软装，例如书房的博古架或多宝格内，经常摆放多件瓷器，这种情况下，建议将黑、白、灰和皇家色系列结合起来使用，既具有庄重感又不会显得过于呆板。

新中式风格软装设计案例详解

传统符号纹理＋丝绸材质　　　白色棉麻靠枕　　　传统符号木雕工艺品　　　瓷座中式台灯

混搭现代风格水晶吊灯

仿古台灯

白色瓷质工艺品

金属花器

铁艺底座工艺品

抽象水墨装饰画　　　　木雕工艺品　　　　瓷笔筒　　　　具有宫灯韵味的吊灯

法式风格软装设计 浪漫、贵族

　　法式风格比较注重空间内软装布置的流畅感和统一化，尤其注重色彩和典型装饰元素的搭配。金色、蓝色、黄色，植物以及自然类的饰品，是法式风格的软装代表元素，而在细节处理上更注重精细感和考究感，塑造一种兼具浪漫感和贵族气质的家居氛围。

法式风格软装材质速查

丝绒、锦缎	水晶、玻璃	树脂、金属

法式风格软装配色速查

无色系	大地色系	彩色

法式风格软装形状、图案速查

植物、花鸟	欧式图案	格子、条纹

软装设计技巧

水晶灯饰最具代表性

　　法式风格软装的一个代表元素就是造型复杂、华丽的水晶灯饰，包括洛可可风格和巴洛克风格。洛可可灯饰梦幻、浪漫，造型上精巧、圆润；巴洛克灯饰造型多以曲线为主，使人感觉华丽、富有变化。

丝绒或锦缎布艺彰显品位

　　法式风格的软装中，布艺有两大类，一种是自然类的棉麻，本色或大地色居多；一种是丝绒或锦缎，以黄色、蓝色、紫色等居多。后一种更具法式特色，在选择靠枕、床品等类软装时，可加入一些丝绒或锦缎，能够增添低调的华丽感。

金属或树脂边框的装饰镜可增添华丽感

　　法式家居讲求浪漫而兼具低调的华丽感，彰显贵族气质。在公共区内加入少量的装饰镜，能够增添华丽感。颜色以金色、银色等无色系为主。边框可以是金属材料，也可以是描金的树脂等，但做工要精致、考究。

法式风格软装设计案例详解

无色系水晶吊灯

欧式图案窗帘

无色系水晶台灯

无色系＋彩色靠枕

锦缎桌布

蓝色地毯

条纹图案窗帘

无色系玻璃台灯

花鸟图案靠枕

植物图案床品

蓝色地毯

| 欧式图案地毯 | 树脂边框装饰镜 | 欧式图案桌旗 | 金属＋水晶材质吊灯 |

金属＋水晶材质吊灯

金属＋玻璃材质壁灯

欧式图案树脂边框装饰画

彩色组合欧式图案锦缎靠枕

蓝色锦缎床品

花朵图案地毯

现代美式软装设计 民族、简练

现代美式风格是时代发展趋势的产物，无论是造型还是配色，都比传统美式风格更简约、更丰富、更年轻。软装的造型带有一点欧式元素，但更简约。而搭配多以白色、米黄色为主，组合方式靠近简约风格，搭配灰色、黑色、蓝色、大地色等。

现代美式软装材质速查		
棉、麻	做旧木料	铁艺、铜

现代美式软装配色速查		
黑、白、灰	大地色系	蓝色、红色

现代美式软装形状、图案速查		
几何纹理	条纹、格子图案	花鸟鱼虫图案

棉、麻布艺彰显美式本色

　　布艺是传统美式乡村风格中非常重要的运用元素，本色的棉麻是主流，因为棉麻的天然感与乡村风格能很好地协调。而现代美式中，将传统美式中的棉麻使用延续下来，搭配一些几何、条纹、格子等图案，传承美式本色。

做旧灯饰搭配花鸟装饰画

　　现代美式风格中的灯饰多为铁艺或铜艺，其中铜做旧处理属于风格特色，金属的这种亚光质感，如果同时搭配几幅花鸟图案的装饰画，能够撞击出别样的火花，彰显个性。

软装色彩清新、高级，基本不使用纯色

　　现代美式风格家居中的软装或清新或高级，常见的有蓝色、大地色、无色系等，没有刺激感。纯色很少大面积使用，当多种色彩一起出现时，可以少量、小面积地使用 1~2 种纯色调节层次，但整体应具有平稳感。

现代美式软装设计案例详解

条纹棉质窗帘　　　蓝色花草图案地毯　　　铁艺吊灯　　　　本色棉麻靠枕　　　花朵图案装饰画组

做旧铜吊灯

黑色铁艺挂钟

花朵图案棉麻靠枕

做旧木质相框

黑白色格子盖巾

花鸟图案装饰画组

铁艺落地灯

做旧木质相框
花朵图案棉麻靠枕
红蓝做旧木质纸巾盒
红色格纹棉麻靠枕

混搭蓝色现代抽象画

做旧铜壁灯

做旧铜工艺品

蓝色＋白色棉麻靠枕

大地色皮毛地毯

田园风格软装设计 清新、惬意

田园风格的软装设计主旨是通过装饰表现出田园的气息，是一种贴近自然、追求自然的风格。它最大的特点是朴实、亲切、实在，是一种低调而富有生活情趣的风格，粗糙和破损是被允许的，并且只有这样处理才更接近自然。

田园风格软装材质速查

木、藤等天然材料	棉、麻	陶瓷、铁艺

田园风格软装配色速查

绿色系	大地色系	粉色、红色

田园风格软装形状、图案速查

花鸟、植物图案	素色无纹理	格子、条纹、碎花图案

软装设计技巧

天然材料展现田园风格的清新淡雅

田园风格家居中的软装饰，多用木料、棉麻等天然材料。这些自然界原来就有、未经加工或基本不加工就可直接使用的材料，其原始自然感可以体现出田园的清新淡雅。

陶瓷、铁艺越粗犷越佳

田园风格是一种淳朴的风格，讲求的是自然的回归，在使用铁艺及陶瓷装饰品时，例如台灯、花器及工艺品等，选取一些带有做旧痕迹的款式，甚至是斑驳的、有些破旧的质感，更能够体现出田园风格的韵味。

格子或碎花布艺是田园家居布艺代表元素

布艺类的软装喜欢使用带有格子或植物、花卉图案的款式。无论是大花图案，还是碎花图案，都可以很好地诠释出田园风格特征，可以营造出一种浓郁的自然气息。

用别出心裁的自然材质，增添个性

若觉得常见的自然类材料过于普通、单调，例如棉麻和木料，可以在此类材料的软装选择上别出心裁一些，来为自然风格的家居增添一些个性。例如麻绳制作的装饰或者刨出来的木条制成的灯饰等。

绿色为主的植物不可缺少

最能够强化自然氛围的莫过于绿色植物，比起其他人工的装饰来说，这种自然的装饰加到配色中会更舒适。不论是大的盆栽还是小的爬藤植物，将它们穿插在家居中，就能带来勃勃生机，符合田园风格的主旨，若搭配做旧感的陶艺盆，自然韵味更浓。

经典配色为绿色＋大地色

绿色和大地色是自然界中最常见的色彩，所以是田园风格的代表性色彩。在进行软装搭配时，大面积的软装可以采用此种配色来强化田园韵味，如果觉得单调，可加入一些棉麻的本色或白色的软装来调节层次感。

粉色、红色用花朵图案呈现更具自然风情

红色和粉色经常会出现在田园风格的卧室中，这种色彩非常适合女性使用，若此类色彩搭配一些花朵图案用在布艺或者工艺品上，会让自然风情更加浓郁。

追求活泼感，可用红＋绿

绿色与红色的搭配源自于花朵的色彩，虽然是对比色，却不会觉得刺激。若喜欢活泼一些的田园风格家居，可以使用一些两者组合的软装，例如小的陶瓷或木质工艺品、格纹或条纹布艺等，冲突无需过于激烈，有些点缀即可。

田园风格软装设计案例详解

铁艺吊灯

绿色花艺

植物图案装饰画

棉麻布艺靠枕

红、绿组合植物图案地毯

红色格纹靠枕

铁艺吊灯

做旧木框装饰画

绿色植物

陶瓷台灯

植物图案靠枕

条纹棉麻靠枕

棉麻材料条纹图案窗帘

花鸟图案木质装饰画

花草图案陶瓷台灯

植物图案棉麻床品

绿色＋粉色靠枕

地中海风格软装设计

纯美、天然

地中海风格的软装，设计上讲究不对称、不规整，这种随意的方式创造出的高高低低、饶有趣味的家居氛围。象征太阳的黄色、海天的蓝白色以及橘色，是地中海地区常见的主要色系，也映射在软装上，让人感受到纯美与天然的魅力。

地中海风格软装材质速查

铁艺	彩色玻璃、陶瓷	自然材料

地中海风格软装配色速查

蓝色 + 白色 / 对比色	薰衣草紫	大地色

地中海风格软装形状、图案速查

海洋类图案	条纹图案	素色无纹理

软装设计技巧

贝壳、海星饰品或图案活跃家居气氛

由于地中海家居带有浓郁的海洋风情，因此在软装布置中，当然不会缺少贝壳、海星这类装饰元素，无论是直接采用此类造型，还是采用此类图案，都可以在细节处为地中海风格的家居增添活跃、灵动的气氛。

玻璃、陶瓷强化清新感

地中海风格的家居具有海岸特点，因此，所使用的工艺品应与风格特征相符，选择陶瓷、铁艺，或者木质、编织等自然类材料，能够加强淳朴的韵味。其中玻璃和陶瓷可多用一些白色和蓝色的款式，能够强化清新感。

做旧木质装饰搭配现代材料对比感更强

地中海风格的家居中，硬装设计上马赛克是常用的一种材料，如果在其附近有摆放工艺品的位置，建议选择一些做旧木质的款式，能够使两者产生对比，丰富整体空间的层次。

本色棉麻调节层次感

有些时候，会将蓝色和大地色这两种经典色组合起来，共同演绎地中海风格。但两者的色差有些大，如果觉得过渡不够柔和，可以加入一些本色棉麻的软装调节层次感。

条纹地毯增添活跃感

地中海风格的配色或清新或厚重，如果软装的配色不使用蓝色＋对比色的方式，容易显得过于平和。可以选择一块条纹图案的地毯来活跃气氛，即使是蓝白色的，条纹本身也具有动感。

蓝色多处使用可实现融合

蓝色是地中海风格家居中较为常用的色彩，如果家具或墙面上已经有了蓝色，在选择软装时，可以在不同使用部位选择１~２个同色系的，让家居中的软装和其他装饰元素联系更紧密，效果更具整体感。

蓝 + 白经典配色组合

　　蓝色与白色组合的软装配色，源自于希腊的白色房屋和蓝色大海的组合，具有纯净的美感，是应用最广泛的地中海配色。白色与蓝色组合的软装犹如大海与沙滩，源自于自然界的配色，使人感觉非常协调、舒适。

布艺多为低彩色调

　　地中海家居中的布艺，包括窗帘、桌巾、床品、靠枕等均以低彩度色调和棉织品为主，是地中海风格的一个显著特点。其中，窗帘多为素色，少用带有图案的类型，而其他布艺以海洋元素、条纹图案使用较多，偶尔也会使用植物图案。

花艺是调节氛围的好手段

　　地中海风格也属于自然类风格的一种，在家居中使用一些花艺是非常符合风格意境的。花器可以选择瓷器或者玻璃，而花艺的色彩，加入一些蓝色花材更具风格特点。若想清新一些可用蓝色搭配白色或者再加入一些紫色；而想活泼一些则可以使用蓝色搭配对比色。

地中海风格软装设计案例详解

铁艺吊灯

蓝色棉麻窗帘

海洋元素造型工艺品

蓝色＋白色玻璃台灯

蓝色玻璃工艺品

陶瓷花器

铁艺吊灯

铁艺工艺品

做旧木相框

海洋元素工艺品

蓝色＋白色棉麻靠枕

蓝色＋白色地毯

玻璃＋陶瓷花器　　蓝色＋对比色条纹棉麻靠枕　　铁艺吊灯　　蓝色＋白色棉麻靠枕

海洋图案装饰画

铁艺工艺品

蓝色＋白色棉麻靠枕

陶瓷花器＋工艺品

蓝色陶瓷花器

第五章
不同人群与软装设计

在进行家居软装设计时

以居住者的性别、数量为出发点

更具有针对性、更个性

男性、女性、孩子、老人、新婚夫妇

居住者的不同，决定了软装的组合也应有相应的区别

软装布置应为人服务

才能展现使用者的个性并具有归属感

☐ 单身男性　　　☐ 老年人

☐ 单身女性　　　☐ 新婚夫妇

☐ 儿童

单身男性

实用并体现男性特征

男性在人们的普遍意识中是硬朗、阳刚的，这种特性在软装设计上可以通过材质的组合和色彩搭配来表现。而他们通常在打理家居方面不如女性细心，所以软装宜尽量实用、精简，去掉不必要的装饰，让家显得更有条理。

单身男性软装材质速查

铁艺、不锈钢	玻璃	亚麻、光滑面料

单身男性软装配色速查

蓝色系	无色系	深暗暖色

单身男性软装形状、图案速查

格子、条纹图案	几何图案	线条纹理

软装设计技巧

帅酷的软装饰品体现理性及个性

材质硬朗、造型有个性的软装饰品能彰显男性的魅力，同时彰显其理性的特点及个性。如不锈钢画框、铁艺工艺品、抽象装饰画、几何线条的落地灯、玻璃台灯等。

经典的格子、条纹图案彰显英伦气息

经典的格子、条纹图案，融入布艺织物中，令空间拥有一种独特的英伦气息，庄重典雅的同时带出一丝时尚元素，彰显男性的绅士感。

蓝色系搭配无色系展现理智感

以冷色系为主的配色，搭配一些灰色或白色，能够展现出理智、冷静、高效的男性气质。加入白色具有明快、清爽感；搭配黄色系的配饰，则令空间同时具有活泼感。

单身女性

柔和、浪漫的软装设计

与男性截然相反的是，女性给人们的普遍印象是温柔、浪漫的，因此在家居软装的选择上可以多使用一些柔软、舒适的材料，以及浪漫的配色，体现她们的特点。如靠枕类的舒适性软装以及装饰性的花卉和植物，数量可以适量多一些。

单身女性软装材质速查		
水晶	纱、蕾丝、丝绒	丝绸

单身女性软装配色速查		
淡雅色彩	艳丽色彩	个性色彩

单身女性软装形状、图案速查		
碎花图案	花草图案	条纹、格子图案

● 软装设计技巧

水晶饰品展现女性的灵动和品位

　　水晶给人清凉、干净、纯洁的感觉，很多女性都有水晶首饰，它的质感与女性十分相符。在家居软装布置中，璀璨夺目的水晶工艺品，表达着特殊的激情和艺术品位，可以为女性家居增添灵动感。

碎花、花草等图案展现甜美感

　　形容女性的容颜美丽，多用花朵来比喻，可见花朵与女性在人们的心中是具有相似感的。在女性家居中，多使用一些带有粉色、红色的碎花、花草图案，彰显出女性特有的柔美气息。

儿童 体现童真，具有活泼感

　　儿童给人天真、浪漫、纯洁、具有活力的感觉，在进行儿童房软装设计时，需要体现出这些特色。色彩以亮色调和接近纯色调为主，能够表现出纯洁、天真的感觉。另外，儿童的软装家具需特别注重安全性，边角最好成圆弧形，防止儿童撞伤。

少年儿童软装材质速查		
木料、藤	塑料	棉、麻

少年儿童软装配色速查		
浪漫的	清新的	活泼的

少年儿童软装形状、图案速查		
卡通图案	字母图案	格子、条纹图案

软装设计技巧

材质宜舒适、安全

　　无论是儿童还是婴儿，都需要呵护，如果使用漂亮但有害的材质，会对孩子造成不可逆转的伤害。在布置儿童房的软装时，舒适、安全是第一位，可以多使用一些天然的木料、藤类的工艺品以及棉麻类的布艺，而后再兼顾装饰性。

色彩组合可与性别和年龄结合

　　儿童房内的软装色彩，可以结合居住者的性别和具体年龄来选择，总的来说女孩适合浪漫的色彩，男孩适合清新的色彩，特别调皮的孩子可以使用活泼的配色。

恰当的图案可以展现童真

　　童真除了通过色彩表现外，还可以用一些图案来展现，例如卡通图案、字母等。它们均具有显著的儿童年龄特点，用在他们房间中的布艺、装饰画等软装上，能够使他们更有归属感。

老年人 舒适、柔软且具有怀旧感

老人通常历经沧桑，喜欢回忆以前的经历，喜欢具有安稳感氛围的空间，而他们的身体健康多少会出现一些衰退的情况，在选择软装饰时，宜尽量避免具有危险性的种类，以柔软、舒适的材料为主，色彩上应能体现怀旧感。

老年人软装材质速查

做旧铁艺	羊毛	棉、麻

老年人软装配色速查

暖色系	对比色	对比色调

老年人软装形状、图案速查

花鸟鱼虫图案	古典图案	大花图案

软装设计技巧

花鸟鱼虫图案的装饰画增添恬静感

老年人喜爱宁静安逸的居室环境，追求修身养性的生活意境。因此房中摆放一些花鸟鱼虫图案的装饰画，既与老年人悠闲自得的性情非常契合，又能够增添一些恬静感。

暖色调展现老人房的温馨、复古之感

淡色系的暖色具有温馨感，可以给老人以安全感；而深色系的暖色具有厚重感和沧桑感，能够更好地表现老年人的阅历。这两种色彩都可以作为软装的主色使用，为了避免过于沉闷，加入一些低彩度的对比色可以增加些微活泼感。

新婚夫妇 营造甜蜜、欢乐的氛围

　　婚房的氛围是甜蜜而欢乐的，这样的氛围主要靠软装的色彩来营造。现在的年轻人追求多样化和个性化，希望自己的婚房除了有喜庆气氛之外，还要个性十足。因此在软装的设计上，可以将传统的红色作为点缀使用，或者采用黄、绿或蓝、白的清新组合。

新婚夫妇软装材质速查

水晶、玻璃	棉或丝绒	陶瓷

新婚夫妇软装配色速查

红色点缀	对比色	多彩色

新婚夫妇软装形状、图案速查

心形、花朵图案	条纹、波点图案	几何图形

软装设计技巧

浪漫基调的形状图案衬托新人的美好生活

对于即将步入婚姻殿堂的新人来说，婚房是他们的"爱巢"，怀着对未来生活的美好愿望而入住。家居中可以适当使用一些心形、唇形、玫瑰花、"love"字样等具有浪漫基调的形状图案，可以彰显甜蜜感。

水晶、丝绒增添华丽感

婚房中，可以适量使用一些水晶或丝绒材料的软装，例如灯饰、布艺，能够为居室增添少许的华丽感，展现品位，烘托喜庆的气氛。

红色点缀使用更合适

红色在我国代表着喜庆，在与婚礼有关的活动中，多使用的是纯正的红色，实际上它并不适合大面积的使用。在装饰婚房时，可以让红色以点缀的形式出现，或者用在方便更换的软装上，如靠枕、床品等，婚礼后更换下来，既能够营造出喜庆的氛围，又可以避免过于刺激。

不喜欢红色？多彩色营造喜庆感

有些新婚夫妇可能会不喜欢红色，而除了婚礼当天外，在一段时间内，甜蜜喜庆的氛围应维持下来，可以采用带有一点红色的多彩色软装来烘托这种气氛，例如靠枕、地毯或床品，选择一种或两种，均可以。

条纹、波点同样具有动感

对于个性比较害羞的新人来说，可以使用一些波点及条纹的图案来取代心形或花朵图案，来增加动感。这类图案很活泼但更含蓄，若同时搭配一些对比色，活跃感会更强。